U0172949

浙南海岛民居

林东海　著

中国建筑工业出版社

图书在版编目（CIP）数据

浙南海岛民居/林东海著. —北京：中国建筑工
业出版社，2023.8
ISBN 978-7-112-28533-4

Ⅰ. ①浙…　Ⅱ. ①林…　Ⅲ. ①岛—民居—建筑艺术—
研究—浙江　Ⅳ. ①TU241.5

中国国家版本馆CIP数据核字（2023）第049543号

本书主要研究浙南洞头海岛民居的建筑形态和建构技术，主要研究目的是总结在特殊条件下海岛民居建筑形态和建构上的海洋特征、文化根源、适宜技术、生态策略等地域特征，研究的具体内容主要有五个方面：

首先，介绍了海岛村落民居的来源。从海岛地理、气象、人文、产业等环境条件开始，再介绍历史沿革，研究闽南人迁移等背景原因；分析聚落形成、研究村落选址特征及遗存历史文化村落情况。

其次，介绍了海岛民居遗存还有哪些问题。民居调查范围涉及早期各种建筑遗迹和现存石头民居，画出了民居历史演变时间轴；调查了清代、中华民国、中华人民共和国成立初期三个时期石头民居，并对其代表性特征进行整理、记录和比较。

再次，对海岛民居建筑形态进行了研究。从平面形制开始，对厅堂空间、剖面、屋顶、外观造型、门窗细部等进行总结分类，主要说明石头民居形态样式的问题；对海岛民居建构技术进行了研究，介绍了海岛民居建筑材料以及民居施工建房程序；归类民居的结构体系，研究内部木作，石墙砌法和屋面防风构造，主要内容说明了石头民居是怎么建造的问题。

最后，探讨了海岛石头民居为什么是这样的，即总结地域特征。分析海岛民居的环境适应性及避风藏风技术特征；研究海岛民居的平面体型、围护结构、通风、遮阳、抗旱等适宜生态技术策略；从居住习俗、闽南文化、渔商文化来剖析建筑形态的深层原因；总结海岛民居的适宜建构策略。

责任编辑：石枫华　李　杰
责任校对：孙　莹

浙南海岛民居

林东海　著

中国建筑工业出版社出版、发行（北京海淀三里河路9号）
各地新华书店、建筑书店经销
北京建筑工业印刷厂制版
建工社（河北）印刷有限公司印刷

开本：787毫米×1092毫米　1/16　印张：8¾　字数：165千字
2023年3月第一版　　2023年3月第一次印刷
定价：**58.00**元
ISBN 978-7-112-28533-4
　　　（40836）

前　言

　　浙南洞头海岛虽然人口不足 20 万人，但是从其民居建筑的内涵来看，却并不逊色于浙江其他地区的民居建筑。2012 年以来，我恰逢设计海岛建筑时，在踏上海岛后即被石头民居所深深吸引，由此我逐步以田野研究调查的方式，对海岛各村落和民居进行如实地收集、记录、拍摄，并通过系统研究，形成了一系列研究成果。本次浙南洞头海岛石头民居的研究仅仅是开始，也希望在将来有更多建筑学者能够对其产生关注，开展更深入的研究。

　　我国是海洋大国，但从浅海走向深海的过程中，滨海及海岛独特的环境下建筑的在地性创作理论研究相对来说不是很充分。海岛民居研究是滨海及海岛环境建筑设计创作的基础理论研究，希望通过该项研究成果的出版，对后续滨海及海岛环境建筑在地性创作有所启发。

　　本书内容的主要来源是作者在华侨大学建筑学院研究生求学期间所写的学位论文，特别感谢导师陈志宏教授的悉心指导！在我困惑时他给予我指引与关怀，使我能够坚持研究方向并不断提高研究水平。

　　感谢各位同学和其他老师的帮助，特别是尹培如、薛佳薇老师的教学课程让我印象深刻。通过课程学习，我系统地梳理了他们的建筑学理论知识，拓展了建筑学知识，初步掌握了研究方法。写作的每一步都是对我知识补充与逐渐吸收的过程，也是锻炼和提高逻辑思维能力的过程。

　　感谢洞头区政协、洞头区文物保护所，特别是张莹、王和坤、颜峥嵘、颜厥明等为本书的调研和资料收集工作上提供的巨大帮助！

　　在此也要感谢家人对我的理解支持与鼓励，你们的快乐和健康是我最大的心愿！

目　录

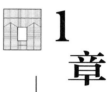

第 1 章

绪 论

传统民居是先人留给我们的不可再生的物质文化遗产。研究传统民居，宣传地域文化，是提升文化自信的重要方式。

浙江南部的洞头海岛位于东海之滨，是浙闽文化交融的地方，与台湾岛隔海而望。它历经风雨沧桑，承载着深厚的文化情感。在长期的历史演变中，海岛独特的地理气候环境、富有特色的建筑材料和浙闽交融的社会人文，逐渐孕育建构了丰富而独特的"虎皮房"①等特色民居。

洞头海岛目前还存在大量的渔村聚落和石头民居，美丽的自然景观和独特人文底色完美地融为一体，各种惊艳的照片屡见于媒体和网络。与此形成鲜明对比的是，由于地处边远，学界对海岛民居建筑的相关研究非常少。这些海岛民居的来源、形式、建构到底是什么样？具有哪些人居智慧和地域特征？这些是本书研究的主要问题。

1.1 本书背景和意义

1.1.1 背景

我国是海洋大国，浙江东南沿海的海岛2100多个。具有地域性特色的海岛民居蕴含着生态技术智慧，发掘这类人居智慧对于缓解海岛资源紧缺、完善生态建筑理论具有较大的价值。研究发展海洋经济，离不开对海洋文化的研究，特别是对作为海洋文化物质载体传统民居的研究。

明政府出台了禁海政策，"寸板不许下海"，禁止民间海上通商贸易，导致海岛的经济发展一度缓慢。这些海岛多山少田，常年台风肆虐，交通不便，生存环境恶劣。但从有人类活动以来，海岛就一直有人居住，也就有民居存在。至清代海岛引民开垦，闽、浙沿海人民纷纷来岛定居②。海岛民居散落，择地而居，靠海吃海，孕育了众多的渔村，由此也聚居着密集的人口。不同气候、不

---

① "虎皮房"，当地人对传统石头民居俗称，由于外墙石头颜色以米色为主，五彩斑斓，远看像虎皮，故而得名。
② 政协洞头县文史资料工作组. 洞头文史资料第一辑［Z］. 温州：内部资料，1990：4.

同地域下的海岛民居，其建筑形态和建构技术蕴含了地方特色、人居智慧、社会人文。浙南洞头列岛只是众多岛屿中比较有代表性的海岛，以岛为家、与海生息是海洋渔村文化的重要特征，与浙江其他地区的耕读文化有明显的差异。

2006年五岛联通跨海大桥通车，拉开了洞头海岛开发的序幕，2015年撤县为区后，洞头海岛的城市建设进入快速发展时期。鉴于东海渔业资源的过度开发，产业转型已成必然，因此政府将洞头区全域旅游列为重点产业进行打造，加快推进海岛民居研究正是保护再利用的根本措施之一。据调查，洞头海岛上很多传统民居保存基本完整，但随着居民生活和旅游开发，一些新建建筑风格样式五花八门，建筑的地域性遭到破坏而正在逐渐消失，特别是一些古老渔村消失得更快。在小城镇环境整治和美丽乡村的建设过程中，在一些项目中海岛变成了各种设计手法试验场，建筑设计互相抄袭，模仿或直接嫁接国外的东西，缺乏对地域环境、文化、建筑特征的深入研究。同时，传统海岛民居已经无法满足现代生活方式需求，例如室内环境阴暗潮湿，卫生间、厨房设施落后等。

由此可见，虽然逐步认识到海岛民居和村落的旅游和文化价值，但是由于缺乏系统的理论研究和相关导则指引，其开发、建设和管理有待加强。近年来，伴随着城市化进程的不断加快，人们的生活水平日益提高，许多建有海岛石头屋的古村落面临整村拆迁或是改造，海岛民居原生态的海洋性特征也渐渐失去，连片或有一定规模的古村落一直在减少。

海岛民居正面临着危机。

1.1.2 本书的内容

本书首先分析海岛民居的来源以及生存的环境；其次是遗存情况，有哪些代表民居，以及当下海岛民居的研究情况。

本书重点总结研究海岛民居地域特征，深层次地剖析海岛居民是如何应对台风、淡水缺乏等恶劣生存环境；闽南人的迁入对海岛民居的影响；海岛有限的资源如何建构；渔商文化对民居带来的影响。

1.1.3 本书的意义

1. 社会意义

调查整理研究海岛遗存民居，可以提高对其的认识和了解，提高文化自信，促进当下社会对传统民居的保护传承。浙南海岛还是浙闽文化交融之处，研究海岛民居文化根源和居住生活面貌，研究增加全域旅游内涵的策略，是乡村振兴战略的重要内容。

2. 理论意义

浙南海岛民居是石头民居的优秀代表，通过对建筑形态建构分类的研究，可以弥补该类民居建筑研究的不足，协助完善浙江传统民居研究的基础理论体系。

3. 实践意义

提出海岛民居地域特征和保护价值，总结海岛民居地域特征，发现民居建筑人居智慧，可促进海岛民居的传承保护工作，为下一步编制相关保护和利用技术导则提供参考。

1.2 研究现状

1.2.1 国内海岛民居研究

1. 浙南民居研究

丁俊清、肖健雄的《温州乡土建筑》引用大量民居案例，从地理气候、社会人文角度，分析了地区民居的形成建构逻辑和文化特质[①]。黄培量的《温州古民居》系统地介绍了温州古民居情况，归纳了山地、水乡、平原、海岛的建筑类型和建构特征[②]。这些研究都是以典型的描述型调查研究为主，对海岛民居研究较少，但为本次研究的比较分析提供了依据。张希、潘艳红、王志蓉的《旅游业影响下的海岛民居建筑转型》对洞头海岛的基本情况和产业转型情况作了介绍[③]，从中可以看出本书研究的意义。

2. 海岛民居研究

柯旭东的《洞头遗风调查初探》对浙南海岛的相关民居案例描述较多[④]。浙东舟山海岛和台州温岭石塘的民居，与浙南海岛民居相近，鲜有人涉猎研究。张淑凝的《温岭古民居》系统展示了温岭传统民居的遗存建筑风貌和习俗[⑤]。苗振龙的硕士论文《海岛村落空间分布特征与成因分析——以舟山市为例》从地理、气候、产业分析了海岛石头民居村落分布避风、适地的特征[⑥]。

李玮玮的硕士论文《舟山海岛民居建筑的地区性建造初探——以虾峙岛茶

---

① 丁俊清，肖健雄. 温州乡土建筑［M］. 上海：同济大学出版社，2000.
② 黄培量. 温州古民居［M］. 杭州：浙江古籍出版社，2014.
③ 张希，潘艳红，王志蓉. 旅游业影响下的海岛民居建筑转型［J］. 建筑与文化，2017，（05）：177-178.
④ 柯旭东. 洞头遗风调查初探［M］. 北京：中国文联出版社，2014.
⑤ 张淑凝. 温岭古民居［M］. 杭州：西泠印社出版社，2015.
⑥ 苗振龙. 海岛村落空间分布特征与成因分析——以舟山市为例［M］. 舟山：浙江海洋大学，2017.

岙村为例》，运用建筑布局分析案例村的建筑、材料、构筑方式，以及民居在适应环境过程中所表现的种种策略，归纳这些岛屿民居的营建理念和方法[1]。方贤峰的硕士论文《浙东传统民居建筑形态研究》中部分章节总结了海岛民居的基本形式和材料建构[2]。陈剑的论文《平潭传统民居类型调查》为石头民居建构技术的研究内容和表达方式[3]提供了参考。

3. 形成背景和村落选址

政协洞头县文史组编的《洞头县文史资料第一辑》对洞头历史沿革做了研究记录[4]，王和坤的文章《浅谈洞头移民历史》对洞头人口迁徙做了相关研究，为文书村落形成提供了基础材料[5]。温州市委宣传部编的《温州古村落》收录了温州平原丘陵村落以及部分洞头海岛村落[6]，洞头区档案局编制的《远去的村影》讲述了一个个海岛村落的故事[7]。这些都为本书海岛民居的形成背景、村落选址、社会人文等方面研究提供了重要参考。

苗振龙硕士论文《海岛村落的空间分布特征及其成因分析》对舟山海岛村落的地理空间分布进行了研究[8]，论文的研究方法以及相关研究结论也为本书横向对比提供了参考。

4. 海岛民居调查

柯旭东的《洞头遗风调查初探》对洞头现存文化遗址、文保建筑做了介绍，并探讨了形成的内因[9]；上海经纬建筑规划设计研究院编制的《洞头县文物古迹保护专项规划》[10]以及文保所提供的《洞头第三次全国文物普查不可移动文物名录》[11]，对海岛民居调查提供了有价值的基础资料和方向。叶凌志的《海岛老厝》作为海岛民居专业摄影集[12]，对海岛民居照片进行了时代分类，为本次研究提供了图片素材。

5. 建筑形态

以上这些资料加上实地调查，基本反映了洞头石头民居的保护现状，特别

① 李玮玮. 舟山海岛民居建筑的地区性建造初探——以虾峙岛茶岙村为例［D］. 杭州：中国美术学院，2015.
② 方贤峰. 浙东传统民居建筑形态研究［D］. 杭州：浙江工业大学，2010.
③ 陈剑，陈志宏. 平潭传统民居类型调查［J］. 福建建筑，2011（06）：16-20.
④ 吴启中、邱国鹰等. 洞头文史资料第一辑［Z］. 温州：政协洞头县文史资料工作组，1990.
⑤ 王和坤. 浅谈洞头移民历史［Z］. 网络资料，2013.
⑥ 潘一钢. 温州古村落［M］. 北京：中国民族摄影艺术出版社，2013.
⑦ 温州市洞头区档案局（馆）. 远去的村影［M］. 北京：中国文史出版社，2017.
⑧ 苗振龙，海岛村落空间分布特征与成因分析——以舟山市为例［D］. 舟山：浙江海洋大学，2017.
⑨ 柯旭东. 洞头遗风调查初探［M］. 北京：中国文联出版社，2014.
⑩ 上海经纬建筑规划设计研究院. 洞头县文物古迹保护专项规划［Z］. 洞头文保所，2014.
⑪ 洞头文保所. 洞头全国第三次文物普查档案资料［A］. 洞头文保所，2009.
⑫ 叶凌志. 海岛老厝［M］. 北京：中国图书出版社，2015.

是三普档案，对建筑形态分类总结起了主要作用。王和坤提供了一些个人资料，对海岛民居历史演变做了基础研究，曾雨婷的硕士学位论文《浙南闽东地区传统民居厅堂平面格局研究》，对浙闽沿海一带的民居平面形制空间形态进行了研究①。叶凌志的《海岛老厝》对不同时期的海岛民居立面风格做了大致分类，对门窗和细部做了图片汇总。郑慧铭的《闽南传统建筑装饰》所载闽南装饰图案和做法，对研究建筑细部形态提供了比较基础②。以上这些为本次研究提供了重要的素材。

6. 建构技术

黄培量的《温州古民居》中对本地区民居建构技术做了比较全面的研究③，也为我们探讨洞头民居木构架及一些构造装饰的来源，即是来自闽南还是浙南陆地提供了依据。魏晓萍的《石材·建构·地域性》对石头作为建筑材料在建筑中的特征进行了分析④。邱国鹰的《守望家园》记录了洞头建房习俗⑤。王海松等的《台风影响下的浙东南传统民居营建技艺解析》，对木构架结构抗风做了研究⑥，启发了本书的研究。

7. 地域特征

杨志林的《洞头海岛民俗》讲述了洞头海岛民居的基本演变过程以及居住习惯⑦。陈志宏的《闽南近代建筑》为从社会人文视角进行的研究提供了参考⑧，曹春平的《闽南传统建筑》所载闽南民居样式和特征⑨，为研究浙闽民居建筑地域特征比较提供了依据。柯旭东的《浙南洞头海岛民居建筑的几个特点》从地理特征、人口流动、渔业商贸，分析了海岛民居的一些选址、风貌和功能特点⑩。柯旭东的《洞头遗风调查初探》对海岛民居形成的闽南文化、渔商文化进行了介绍⑪，为本书撰写提供了参考。

应丹华的《浙江南部山区传统民居适宜性节能技术提炼与优化》对浙南陆地山区的民居生态性做了研究⑫。王秀萍、李学的《温岭石塘传统民居的生态理

---

① 曾雨婷. 浙南闽东地区传统民居厅堂平面格局研究［D］. 杭州：浙江大学，2017.
② 郑慧铭. 闽南传统建筑装饰［M］. 北京：中国建筑工业出版社，2018.
③ 黄培量. 温州古民居［M］. 杭州：浙江古籍出版社，2014.
④ 魏晓萍. 石材·建构·地域性［D］. 昆明：昆明理工大学，2008.
⑤ 邱国鹰. 守望家园［M］. 上海：中国福利会出版社，2010.
⑥ 王海松，周伊利，莫弘之. 台风影响下的浙东南传统民居营建技艺解析［J］. 新建筑，2012，（01）：144-147.
⑦ 杨志林. 洞头海岛民俗［Z］. 温州：洞头县志办公室，1996.
⑧ 陈志宏. 闽南近代建筑［M］. 北京：中国建筑工业出版社，2012.
⑨ 曹春平. 闽南传统建筑［M］. 厦门：厦门大学出版社，2016.
⑩ 柯旭东. 浙南洞头海岛民居建筑的几个特点［J］. 东方博物，2010，（02）：126-128.
⑪ 柯旭东. 洞头遗风调查初探［M］. 北京：中国文联出版社，2014.
⑫ 应丹华. 浙江南部山区传统民居适宜性节能技术提炼与优化［D］. 杭州：浙江大学，2013.

念初探》①探索了浙江海岛石构民居的建构与气候特征的关系；张焕的硕士论文《舟山群岛人居单元营建理论与方法研究》②从适宜技术方向开展研究，其研究过程与方法为本次研究提供了借鉴。

8. 研究方法和视角

汪丽君的《建筑类型学》为本次研究提供了理论研究方法，特别是基于形态、逻辑和情感的三个要素的研究③。肯尼思·弗兰姆普敦的《建构文化研究》④拓宽了我们的研究视角。

1.2.2　国外海岛民居研究

国外学术界将民居称为乡土建筑，海岛民居研究是从社会人文角度研究海岛文化变迁、发展、影响等。除了个别岛国之外，单独研究海岛民居建筑的却很少。相关海外岛国民居翻译著作也比较少，从相关资料来看可比性不强。

1.2.3　研究综述

当前浙南民居的研究以平原丘陵为主，涉及洞头海岛民居的非常少。海岛民居有自己显著的特点，浙江、福建一些海岛民居已有学者开始研究，相关研究角度和方法值得参考。目前一些专家、学者对洞头的民俗和人文进行了研究，对一些村落进行了介绍。而洞头的全国第三次文物普查为本次研究提供了重要的参考资料。

洞头海岛民居的建筑形态，有部分学者积累了素材和做了一定的基础性研究，建构技术方面，浙江、福建的民居研究提供了较多的参考。海岛民居的研究仅仅是开始，基本还未从建筑学角度进行系统整体梳理。真正深入研究洞头海岛民居建筑的地域特征，如环境生态、形态文化、建构技术等，还鲜有进行。

综上所述，参照其他民居研究，结合浙南洞头海岛民居现有研究情况，本次研究宜从建筑学的民居基本研究做起，如建筑形态、建构技术等，最终总结地域特征。我们认为，以建筑学视角对海岛民居进行调查整理、描述分类并进行内容创新，具有理论价值且十分必要。

---

① 王秀萍，李学．温岭石塘传统民居的生态理念初探［J］．艺术与设计，2010，2（12）：118-120.
② 张焕．舟山群岛人居单元营建理论与方法研究［D］．杭州：浙江大学，2013.
③ 汪丽君．建筑类型学［M］．天津：天津大学出版社，2005.
④ 肯尼思·弗兰姆普敦．建构文化研究［M］．王骏阳译．北京：中国建筑工业出版社，2007.

1.3 研究的方法和本书结构

1.3.1 研究方法

本书调查主要采用文献资料和野外调查相结合的方式。洞头海岛民居的文献资料来源主要是全国第三次文物普查资料和一些地方文史资料,以及相关著作、期刊和各类文献。野外调查采用现场踏勘和走访的形式,如利用无人机进行拍摄,开展测绘,走访地方文史研究者等。野外调查的顺序是由海岛到村落,从村落到单体。

本书研究方法为从建筑学视角,采用类型学方法,利用调查资料对海岛石头民居进行研究。建筑类型学的基本要素是形态、逻辑和情感,本书着重于建筑形态描述分类与建构形式分类,并做适当的逻辑和人文分析探讨。

1.3.2 研究过程与框架

首先,进行调研走访,查阅相关文史资料。从洞头海岛的基本情况、形成背景、村落形成等入手,从人文地理和社会学视角,用文献法和分析法研究海岛民居的生成条件和内在因素。

其次,进行实地拍摄测绘,查找相关图片档案资料。运用图像法、比较法,从建筑学视角研究石头民居的建筑形态。运用归纳法和比较法,总结出平面形制、空间剖面,立面造型等。

再次,通过实地调研和走访,以及历史文物建筑的文献查阅和考据,总结洞头海岛民居的建构技术。以类型学的图片和文字描述方式,展示民居的建筑材料、建构方式、门窗细部等。

然后,结合前面研究演绎地域特征,从地区气候、技术、人文等背景,探讨民居演变及习俗文化;利用建筑学知识和相关其他民居研究比较分析生态技术与适宜技术特征。

最后,总结海岛民居的地域特征和保护价值,反思研究的不足和进行展望。

图 1-1 为本书的研究框架。

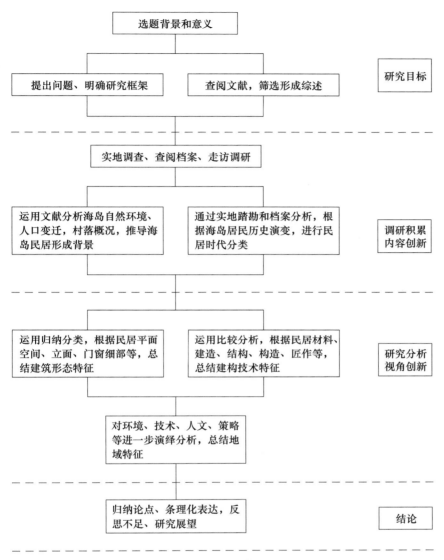

图 1-1 研究框架

第2章

海岛环境背景

海岛民居的研究，首先应该从客观环境、历史背景入手。客观环境包含地理地貌、气候特征、经济产业，历史背景包含海岛的人类活动历史，人口和聚落情况。调查民居环境和背景以及历史村落的具体呈现，是进一步进行民居调查和分析其地域特征的前置要求。

2.1 海岛概况

2.1.1 地理地貌

浙南为浙江南部区域，一般是指温州市，海域面积 87.8 万 km²。浙南海岛数量众多，岛陆面积 163.35km²，分布有七星岛、南麂列岛、大北列岛、北麂列岛、洞头列岛等五大群落。其中洞头列岛为全国十三个海岛县之一，其余列岛中有人居住的非常少，本书所研究的主要对象是以洞头列岛为代表的浙南海岛民居，表 2-1 为浙南海岛人居分布情况。

浙南海岛人居分布情况　　　　　　　表 2-1

内容＼分布区域	乐清市	洞头区	瑞安市	平阳县	苍南县
岛屿数量	9.5 个	168 个	148 个	103 个	152 个
有人岛屿	3 个	14 个	13 个	3 个	2 个
人口数量	3298 人	154000 人	6327 人	2288 人	1000 人
海岛村落民居概况	村落与人口较少，民居遗存较少	历史文化村落11 个，遗存大量石头民居	村落与人口较少，民居遗存较少	村落与人口较少，民居遗存较少	村落与人口较少，民居遗存较少

洞头列岛地处温州瓯江口外，地理坐标介于东经 120°59′45″～121°15′58″，北纬 27°41′19″～28°01′10″ 之间，有 168 个岛屿和 259 个珊瑚礁，包括 14 个居民岛，被称为"百岛之县"和"东海之珠"。

洞头海岛为典型的海蚀海积地貌，侵蚀山地地貌分布广泛，占全县土地面积的 91%。最高山峰位于大门岛，海拔 31.8m。低山（海拔不到 250m）主要分布在洞头岛、半屏岛、三盘岛、小门岛、霓屿岛、鹿西岛和状元岙岛的拐角处。堆积地貌主要分布在大门岛和洞头岛，面积小，分布分散。从地貌可以看出，潮汐变化对海岛带来较多冲击，海岛零散分布的地形、丰富的石材和木材、地形地貌对海岛民居的建设产生了较大影响。

2.1.2 气候特征

洞头是亚热带海洋性气候，那里的气候冬暖夏凉，温暖且湿润，年平均气温在 17.5℃左右，年平均降水量 1319.4mm。岛上有风，很少有酷热和寒冷的情况。受海洋水和台湾暖流影响，小气候类型多样。洞头地表水系不发达。常年平均降水量 1290mm，一般雨量集中在 5~6 月（梅雨）及 8~9 月（台风季），秋冬季为少雨季节。由于地形区位关系，洞头每年面临强台风，一般风力均能达到 11~13 级。每年 7~10 月，台风影响频繁，台风及其强降雨是影响本区最主要的灾害性气候。

2.1.3 经济产业

洞头海岛有丰富的渔业等海洋资源，渔场面积 4800km^2。清代迁移过去的海岛居民主要从事开垦和渔业，兼有制盐业和造船业。

海岛土壤肥沃，陆地交通不便，改革开放前农业基本是自给自足或岛内交易状态，特色农产品有高脚花菜。在海边滩涂利用潮汐种植的羊栖菜、紫菜，历来是洞头的特色产品。

洞头海岛海产和滩涂资源丰富，捕捞、养殖、加工、交易等渔业产业发达，村落选址布局具有明显的从事渔业特征，移民来源基本都是海边人口迁移，所以渔业养殖捕捞和渔商贸易是传统行业。在离陆地较近的霓屿、三盘、状元岙以及洞头岛等岛屿还有一些渔市渔行的遗迹。中华民国时期是洞头渔业商贸的高峰期，相关海产品远销日本、东南亚等，海岛渔商走南闯北，"三盘海蜇"曾驰名国际。

从清代移民开始至中华民国和中华人民共和国成立初期，制盐业和造船业一直是洞头产业的小部分组成。在过去洞头是盐场，洞头县北岙街道风门村九亩丘原海湾以北的沙堤是宋代煮盐遗址。此地从事晒盐、制盐以及制造木船等产业，但由于规模和技术限制，在近几年逐步退出。[①]

洞头岛的人口已经迁移到了 14 个岛屿，在清末、中华民国及中华人民共和国成立之初只有几万人口，海岛资源足够支撑自身运转，产业丰富发达，属

① 柯旭东. 洞头遗风调查初探［M］. 北京：中国文联出版社，2014.

于富饶之地。良好的滩涂和渔业资源，为历史上人口的迁移集聚和民居建筑活动奠定了基础。产业发达为海岛大量的村落和石头民居的形成提供了物质基础，大量走南闯北的渔商对建筑形态也形成了影响。

2.2 历史人文

2.2.1 历史沿革

洞头置县历史短，但发展历史长。通过对九亩丘出土文物的考证，早在3000年前，洞头海岛就有人类活动。《大清统一志》的地图清楚地标明，"中界山"在洞头三盘岛的位置。

洞头历代以来归属地变化颇多。春秋战国时，为瓯越之地；秦时，属闽中郡；两汉时期，属会稽郡；三国及东晋，为永宁县，后改为永嘉县；唐、宋、元、明时期，一直归属永嘉、乐清等，属瑞安或温州府；清代归划玉环厅。中华民国和中华人民共和国成立初期，仍旧属玉环县，1959年划归温州市，1964年恢复县制，2015年9月，经国务院批准，改县为区。

洞头海岛发展历史悠久，但因为明朝及清朝初期禁海，整体可以分为禁海前和禁海解除后两个历史阶段。由于禁海前的民居基本无存，故本书研究的主要是禁海解除后民居遗存。

洞头海岛与温州陆地航线，为中华民国初期陈银珍所创立。海岛交往的增加带来的文化冲击，对民居形态也产生了影响。

2.2.2 人口变迁

据史料记载，洞头群岛的居民在唐代以前半定居，移民在唐末宋初定居。明代，由于"禁海"，岛上的居民被迫向内迁徙，岛上几乎无人居住。倭寇被平定后，闽南和浙南的人民迁徙到岛上定居下来。乾隆二年（1737年），清政府派官员到关岛等岛屿整顿移民，整理户籍，测量土地，征税。这是政府在岛屿发展史上第一次组织大规模的移民活动。[①]

此后，移民人数不断增加，逐渐形成规模。洞头群岛共有14个有人居住的岛屿，人口主要集中在包括洞头岛、大门岛、小门岛、鹿西岛、状元岙岛、霓屿岛、花岗岛、三盘岛。

从清代有人口数据记录以来，海岛人口一直在增长，至20世纪90年代基本平稳（图2-1），期间大量的石头民居开始建设，村落逐步建成和形成。

---

① 洞头区档案局. 远去的村影［M］. 北京：中国文史出版社，2017.

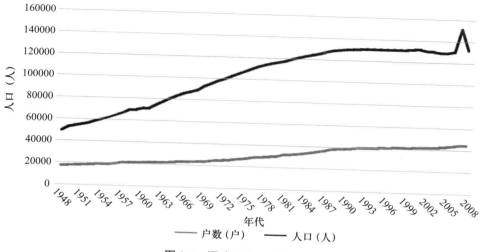

图 2-1　洞头历史人口变化图

截至 2015 年 11 月，王和坤收集的普查谱牒文献 527 册（无谱牒姓氏除外），84 个姓氏，统计始迁祖 900 余人，其中 88% 为原籍闽南迁入[①]，如表 2-2 所示。

洞头人口迁入原籍比例　　　　　　　　　　　　　　　　　表 2-2

籍贯	原籍福建				原籍温州	其他地区
比例	88%				11%	1%
	同安 33%	晋江 10%	惠安 5%	其他县署 40%		

现有洞头居民的祖先大多是福建直接或间接移民的后裔，少数是浙南陆地移民。这些闽南先祖明末清初直接从福建泉州、晋江、惠安迁入，也有经迁入平阳、玉环的陆地后再辗转至洞头，他们讲闽南方言、保持闽南习俗。这些人口的溯源，有助于发掘石头民居建筑形态建构中的闽南文化根源，建筑的比较以及内在文化的影响分析都是研究的重点。

2.3　村落形成

2.3.1　渔村形成

海岛移民在垦荒、避难或婚嫁时，落脚地往往选择偏僻的山坳，因而形成了"茅屋三五间，山民七八人"的自然村现象。最早移民选择了居住在山顶山岙台地。因为在海湾建房不仅容易受到潮水和台风的袭击，而且要提防海盗上岛抢劫。早期海湾里长着芦苇，经常出现鲨鱼，并造成人员伤亡。后来随着海

---

① 王和坤，林志军. 洞头人"缘"来福建游子［Z］. 温州：网络资料，2016.

平面的下降、芦苇的衰落、防御能力的增强和海盗的减少，人们逐渐从山岙台地迁移到海边，形成了渔村民居的一般格局。

根据 2009 年第三次全国文物普查现场调查阶段的资料，洞头民居建筑主要分布在岛屿山坡凹边附近，村落大都能体现就近从事渔业生产又回避风雨损毁的特点，大都依山而建，层次感很强，形成独特的村落景观。

据《浙江省洞头县地名志》记载，至 1985 年 9 月，全县共有 299 个自然村。2015 年实地调查显示，原有的 299 个自然村中，已经荒废的共 79 个，约占自然村总数的 26%。其中，完全荒芜空置的 40 个，整村迁移辟为料场的 3 个，少数人留守的（10 人以下）空壳村 36 个。[①]

2.3.2 聚落特征

洞头海岛聚落是逐渐形成的，研究聚落名称可以发现，其主要呈现特征是宗族同乡特征、祖籍地名特征和事件标记特征。

1. 宗族同乡特征

由于迁徙族群关系，以家庭、宗族为纽带几户至几十户聚居，以及与其他姓氏杂居的"庐"屋主要分布在港岙山凹。随着人口数量急剧增长，逐渐形成很多以同乡聚居为主的"寮""厂"村落，如鹿坑的"同安寮"、炮台的"瑞安寮"、隔头的"蜑埠厂"、后寮的"乐清厂"和鹿西的"四座厂"等。

2. 祖籍地名特征

移民对祖籍地的认同普遍十分强烈，为了不忘祖宗故地，部分移民把故乡的地名原封不动带到列岛来命名新地名。今洞头列岛以"坑、头、潭、岙、岗、厅、厂、沟、坑、寮、垄、山"等字命地名很普遍，与福建闽南很相似。此外一部分村岙地名因地理而来，如东沙等。

3. 事件标记特征

例如南塘，位于洞头岛南部，移民围垦滩涂故名。部分村岙地名与经营主业有关，例如铁炉头。此外，还有 10 多处以"烟墩"命名，例如状元岙、霓屿、大门、鹿西等，这与海防建设有关。

2.3.3 村落选址

最早迁徙来洞头海岛居住的先民由于担心海潮，因此都把房屋建在山上的坳处，后来才逐渐地向海边发展。村落选址要考虑的因素，一是必须考虑避风，二是预防海盗抢劫，三是便于垦荒耕种和渔业生产。

---

① 洞头区档案局. 远去的村影［M］. 北京：中国文史出版社，2017：1.

对洞头海岛村落选址分布进行分析，以海拔高度和地理特征来分类，有渔港丘陵聚居、山岙平地聚居、山顶台地聚居等三种类型，见图2-2。

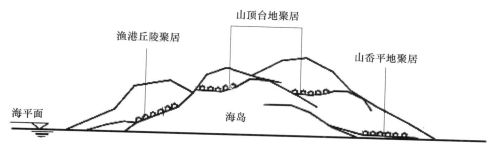

图 2-2　村落选址类型

1. 渔港丘陵聚居

为了渔业生产方便，同时渔港需要避风，在洞头岛、状元岙岛环渔港分布多个村落。丘陵的特质使得居住地与海洋的垂直距离增大，可防海洋潮汐带来的自然灾害。村落依山就势，沿着海岸线和山岙零散分布，面海营建民居，以方便望海、观察潮汛为首要考虑因素，代表村落如东岙村、东岙顶村、东沙村、白迭村、花岗村、沙角村等。这些村落远眺层层叠叠，比较有气势。图2-3为花岗村全貌。

图 2-3　花岗村全貌

2. 山岙平地聚居

与渔港聚居有所不同，山岙平地聚居会对地形坡度要求比较平缓，大多结合滩涂资源。山岙平地聚居的生产除了渔业外，也是海岛上的农业生产基地和海产养殖基地，通常把农业和渔业的共同生活方式结合起来，把农耕文化与海洋文化结合起来。其代表村落有外埠头村、松柏园村、小朴村等。图2-4为小朴村全貌。

图 2-4　小朴村全貌

3. 山顶台地聚居

由于洞头岛、霓屿岛、半屏岛、大门岛的中部地区山顶较为平缓，台地较多，且多处于在平原与丘陵之间，所以台地聚居分布较多。因早期的海岛迁移是在官府垦荒的推动下进行，所以在山顶台地聚居的居民，通常以从事农业为主，农闲期间兼从事其他生产，代表村落有金岙村、海霞村、小荆村等。图2-5为金岙村全貌。

从调研来看，村落选址以渔港丘陵聚居为主，为了更多地耕种和养殖。山岙平地村落较少，又因山顶台地离海太远，不便渔业生产且易受风吹，所以山顶台地村落也较少。从村落历史来看，先迁移到海岛的优先选择山顶台地作为村落选址，逐步走向渔港丘陵和山岙平地。

图 2-5 金岙村全貌

资料来源：方海平 摄

2.4 历史村落

2.4.1 历史村落

洞头区历史文化村落共有 11 个村。其中，形成于 20 世纪 50 年代至 80 年代之间的历史村落 7 个，包括外埕头村、松柏园村、金岙村、海霞村、白迭村、花岗村、小荆村；民俗风情村落 4 个，包括东岙村、东沙村、垅头村和沙角村。小朴村虽未列入历史文化保护村落，但村落建筑价值和文化均较高，地方特色马灯舞为非物质文化遗产，具有代表性。

从历史村落分布来看（表 2-3），洞头本岛较多，有 5 个；半屏岛有 3 个；状元岙岛有 1 个；花岗岛有 1 个（花岗村）；大门岛有 1 个（小荆村）。

洞头海岛历史文化保护村落名单（截至 2018 年 09 月） 　表 2-3

序号	所在海岛	村落名称	所在镇街
1	洞头岛	东岙村、海霞村、白迭村、东沙村、垅头村	东屏街道、北岙街道
2	半屏岛	外埕头村、松柏园村、金岙村	东屏街道
3	花岗岛	花岗村	元觉街道

续表

序号	所在海岛	村落名称	所在镇街
4	状元岙岛	沙角村	元觉街道
5	大门岛	小荆村	大门街道
6	洞头岛	小朴村	北岙街道

注：小朴村虽暂未列入历史文化保护村落，建议列入。

2.4.2 村落民居遗存

洞头代表性村落总结整理如表 2-4 所示。

洞头代表性村落表 2-4

序号	村落	位置	航拍图	选址	村落简介	民居遗存
1	小朴村	洞头岛		山岙平地聚居	小朴村位于洞头岛西北面，建村于清乾隆年间。小朴村滩涂养殖商贸发达，村口有白马庙，村落沿溪有白马古道。古道两旁布置民居	小朴村保存了清一色的"石头瓦房"的闽南建筑风格，并且拥有"物华天宝，鲁国旧家"等18幢特色老宅，民居以合院式为主，清代和中华民国时期较多
2	花岗村	花岗岛		渔港丘陵聚居	花岗村位于元觉街道，面向渔港，为石头渔村，杜鹃花正开满山岗得名，面朝大海依山而建，有着居高临下的视野，能眺望整个海湾。在环山中筑分级台地，呈环抱式，藏风避风	有上百座石头民居，追溯建筑时间，多在20世纪50年代、60年代。山中清涧穿村而过。石头民居多为一条龙形式，2~7间，在台地形成错落优美的景致
3	东岙村	洞头岛		渔港丘陵聚居	东岙村东屏街道，面临东岙渔港。该村的民居皆选择建在附近的山凹之处，村落靠山处沿两条山坳溪流并两边依山势而建，村落正中是陈府庙，纪念开漳圣王，陈氏族人是从闽南迁入的。民居平行于海岸线，弄堂以两条平行街巷为主线，大小渔行及其他配套渔具、渔用行分布其间	东岙遗留民居较多。卓潘良民居，又称长寿宅、秀才居，为清末秀才陈澜故居，门台有特色。洪爱暖故居，为中西合璧，现外装饰基本被破坏，改成民俗馆。另有仿欧楼、聚财楼等遗留特色民居

序号	村落	位置	航拍图	选址	村落简介	民居遗存
4	金岙村	半屏岛		山顶台地聚居	金岙村位于洞头半屏岛中部山顶台地,先民大多从闽南迁入,村落以庙宇为中心,呈"X"形分布。下辖四个自然村,呈四条带状布局,庙宇刚好在中心交叉点。整体布局巧妙,藏风避风,四条山岭通向村外	村内现有石头民居约200幢,大部分为中华人民共和国成立后所建,以一条龙形式为主。单岙唇保留了50来幢石头民居为中华民国时期,有近百年历史
5	东沙村	洞头岛		渔港丘陵聚居	东沙村三面靠山,一面临海,南望东沙港,北靠山。东沙的妈祖宫建于清乾隆年间,是浙江尚存的规模最大、建构最完整的一座,被列为省级文保单位。清乾隆年间,福建惠安的渔民在东沙港从事渔业生产,在此修建妈祖庙及石头民居,逐步形成村落格局	东沙有数十座石头民居,跨度从清代末、中华民国至中华人民共和国成立之初,其中比较出名的有东沙陈进宅等
6	小荆村	大门岛		渔港丘陵聚居	小荆村位于大荆村与长沙村之间,山体坐北朝南,前方为南江——黄大峡水道,它有广阔的海域;小荆村拥有浅海海水养殖地。具有丰富的花岗岩矿产资源和良好的生态环境。由于大门岛靠近陆地,除闽南迁入外,从温州陆地迁移较多。村落建筑完全顺着山体等高线布置	有上百座石头民居,追溯建筑时间多在20世纪50年代、60年代,石头民居基本为一条龙形式,开间为2～5间。山中清涧穿村而过。村落山顶有烽火台

2.4.3　布局特征

从布局研究来看,浙南海岛民居主要呈现出避风藏风特征、闽南文化特征、水源地特征和渔业特征。

1. 避风藏风特征

避风藏风特征主要表现在选址时在避免遭受台风直接攻击之处,村落建筑散落,不做寨墙等,利用海洋保持通风散热。

2. 闽南文化特征

主要表现在两个方面：一是渔村基本上都有庙宇，作为聚落布局的中心，由闽南传入的民间信仰比较重；二是闽南居住习俗对村落空间的影响，如小朴村有传自闽南的马灯舞，在村口布置白马庙和小广场等。

3. 水源地特征

由于海岛淡水资源缺乏，海岛村落基本都要能够获取宝贵的淡水资源，如山涧溪水或山顶池塘。因淡水资源有限，有些情况下也开采地下水源。在洞头岛，几乎每个民居都有水井。这是水源地特征的表现。

4. 渔业特征

村落优先选择靠近渔港，滩涂，便于渔业生产和交易，典型的村落有东岙村、洞头村、东沙村、大岙村、寨楼村。但值得注意的是，洞头渔业贸易发达，保留了一些渔行商业建筑，比较有地方特色的如东岙村姚宅贩盐、后街等，亦商亦居典型的有三盘海蜇。[①] 这些渔行形成了商业街的雏形，是海岛聚落从村落向城镇演变的重要标志，这方面还有待于下一步再做深入研究。

由于受地形地貌限制，即场地狭小、山地为主，并结合聚落特征和村落布局特征，洞头石头民居普遍单体规模不大，但数量却众多。

---

① 柯旭东. 洞头遗风调查初探［M］. 北京：中国文联出版社，2014.

第 3 章

海岛民居类型调查

本章通过文献档案调查和现场踏勘，对海岛遗留民居进行调查统计。分析海岛民居的历史演变，发现海岛民居不是单一类型存在。通过以民居的时间进行归类，统计出清代、中华民国、中华人民共和国成立之初三个时期的石头民居遗存数量、类型和代表，总结石头民居三个时期明显不同的特征。

3.1　基本情况

3.1.1　海岛民居遗存简介

通过海岛村落调查，发现除了现当代建筑外，遗存民居为大量的石头房和少部分其他遗迹，如渔寮和草屋、土坯房和泥垒房。而这些石头房有不同的时代差异，这也是我们调查的重点。

洞头海岛民俗的资料中记载，洞头草房始于唐宋，明末土坯、泥墙发展为木石瓦房。他们中的一些人还使用蛎灰搭配油漆覆盖到石头上面。[①]

从现存情况来看，洞头海岛各类民居并不是单一形式的，大部分是交叉混合出现的现象，只是某一时期以一种为主。早期渔寮和草屋一直延续至今，个别地方还能见其用于渔汛临时栖居、堆放渔具或暂避风雨，虽然和记载稍有差异，但基本建构差不多。但近几年由于拆除违建，渔寮和草屋大部分人为被毁。明代的土坯房和泥垒房，现仍然遗存断垣残壁。以上这些遗存或当代建造的老房子，基本能反映出土坯房和泥垒房的风貌特征面貌。

此外根据发掘，洞头海岛还有其他建筑历史记载。例如，宋初，大禅寺出土了大量的特种砖、釉瓦、屋顶、石柱和寺庙板。1978年，洞头东兰公路出土了唐末时期的砖头、瓦片、脊等，但其房屋结构、规模均不详。由于历史上的禁海回撤，这些早期正式建筑遗存已经荡然无存，基本无从研究，对后期民居的发展也没有什么直接的关联。[②]

---

① 杨志林. 洞头海岛民俗［Z］. 温州：洞头县志办公室编印，内部资料. 1996：66-67.
② 王和坤. 浅谈洞头移民历史［Z］. 网络资料. 2013：7.

随着清代人口的迁徙定居，海岛的聚落形成推动了民居的演变，现存最多的民居是被当地人称为"虎皮房"的石头民居，这些石头民居形态丰富，造型优美。

3.1.2　海岛民居历史演变

如图 3-1 所示，海岛民居历史演变划分为早期、明代、清代、中华民国、中华人民共和国成立之初几个时期。明代之前为早期，民居包含渔寮和草屋，明代为土坯房和泥垒房。清代，浙闽移民在洞头海岛定居，浓厚的闽南文化在此延续，并在吸收浙江传统文化的基础上，形成独特魅力的石头民居。

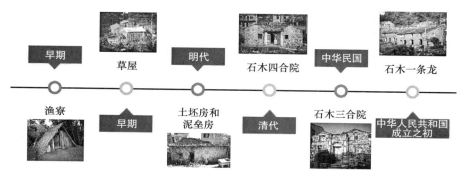

图 3-1　海岛民居历史演变图

石头民居是清代、中华民国、中华人民共和国成立之初三个时期的代表建筑，也是我们本次研究的主要民居类型。石头民居三个时代遗留共同存在，数量较多，本次研究限定第三次文物普查登录资料，作者进行了一些实地踏勘和整理。

3.2　早期和明代民居

3.2.1　渔寮和茅草屋

根据史料记载，洞头自东晋以来始有居民活动，早期居民活动为候鸟型，以季节为主，每逢鱼汛渔民便结庐小住。庐即为"渔寮"，是临时的住宅和用于存储的建筑（图 3-2）。其通常用竹做人字架覆盖茅草而成，没有固定的挡风墙或院墙；或者用一些草席作为挡风遮蔽的墙体，屋顶覆盖稻草或者野生茅草做寮顶，再用草绳网加固。在渔寮外面往往砌一个较大的土灶，又称炊虾灶，除了用于起灶烧饭、煮鱼以外，主要是炊煮加工大量的鲜虾或者是其他的海产品，煮熟后再晒干，鱼汛期结束后再行运回内陆出售。之后，渔寮或撤除或保留，待来年鱼汛备用。可以说，渔寮是海岛人建造的最早、最原始的居住空间。

唐代、宋代以后，海岛定居人口增加，人们在此建茅草屋长期定居以方便观察渔汛。继"渔寮"之后，岛上的大量居住方式是茅草屋（图3-3）。在茅草屋外围四周有固定的石院墙，在院墙的入口处有瓦屋顶的墙门。"草屋顶瓦墙门"是指大部分屋顶用茅草覆盖来压紧屋脊，并用绳索网固定屋顶，防止被风掀开。大部分屋顶都位于朝南背风面的山坡上，不仅可以抵御台风的袭击，还具备安全和防护的功能。

图3-2　渔寮

图3-3　茅草屋

资料来源：温州市洞头区档案局（馆）. 远去的村影［M］. 北京：中国文史出版社，2017.

早期的"渔寮"和"草屋"建筑材料较为简单，主要有毛竹、茅草、黄泥和石块。

3.2.2　土坯房和泥垒房

明代以后，海岛上出现了土坯房和泥垒房。土坯是用泥做砌块筑墙，先将土浆放在木模中压制成土坯，经过太阳晒干为土块，比砖大数倍，然后垒砌外墙。这种建筑方式，一直延续到20世纪60年代，个别老百姓建造木石结构的房子时还会用到，在洞头本岛东沙村、垄头村、中仑村等部分村落还有遗迹（图3-4、图3-5），例如打水鞍鼻仔尾林振人宅。

图3-4　土坯房遗址

资料来源：王和坤　摄

图3-5　土坯房墙体

资料来源：王和坤　摄

泥垒房是板筑泥垒，先在地基上放置木模板，长约 1.5m，高约 0.2m，然后将泥土和上水放入木模内并夯实，然后逐层往上垒。屋顶有盖瓦，有的披茅草或瓦片。

3.3 清代民居

3.3.1 民居遗存调查（表 3-1）

清代遗存代表性民居列表

表 3-1

序号	名 称	建筑形制	建构特征	现状
1	北岙小朴颜厥轩民居	单层，四合院，门屋已毁，正脊花草吻	石木结构，硬山顶	破损
2	北岙小朴村林明然民居	单层，四合院	石木结构，硬山顶	部分改变
3	北岙上新林央民居	单层，四合院	石木结构，硬山顶	部分改变
4	北岙银海郭良民民居	单层，四合院，	石木结构，硬山顶	破损
5	北岙铁炉头郑光新民居	单层，四合院，门屋已毁	石木结构，歇山顶	破损
6	北岙铁炉头赵华文民居	单层，四合院	石木结构，硬山顶	破损
7	北岙铁炉头甘良开民居	二层，四合院，凸形平面	石木结构，硬山顶	破损
8	北岙大长坑张孚勇民居	二层，四合院，凤头脊吻	石木结构，硬山顶	破损
9	北岙大岙林定生民居	二层，四合院，门屋院墙已毁	石木结构，正屋悬山顶，厢房硬山顶	破损
10	北岙小长坑柯位民居	单层，四合院	石木结构，硬山顶	正常
11	北岙苔岙张美文民居	二层，四合院，凸形平面	石木结构，硬山顶	破损
12	东屏岙内叶宅—叶永明宅	二层，四合院	石木结构，硬山顶	省级文保
13	东屏东岙卓潘良宅	二层，四合院	石木结构，硬山顶	县级文保
14	东屏东岙姚氏民居	单层，四合院	石木结构，硬山顶	破损
15	东屏垅头陈增楚民居	二层，四合院	石木结构，硬山顶	破损
16	霓屿下郎黄忠干民居	单层，敞口三合院，仅一半留存，其余改变	石木结构，硬山顶	部分改变
17	霓屿正岙黄氏祖厝	单层，敞口三合院	石木结构，硬山顶	破损

1. 调查范围

本次调查遗存清代民居数量统计总共 17 座，文保单位 2 个，全国第三次文物普查登录点 15 个。

2. 地域分布

从分布来看，遗存的清代民居有 15 座在洞头岛（北岙街道和东屏街道），

2 座在霓屿岛。结合人口数据可以分析出，洞头岛因为自然条件较好，是闽南移民首选之地，而霓屿岛因为靠近温州陆地所以陆地移民较多。不同区域移民带来了早期建筑形态建构差异，如洞头岛以封闭合院为主，而霓屿岛则以敞口合院为主。

3. 历史年代

遗存的清代民居中，建造最早的在清代嘉庆年间，大部分建造于清末。其中，清嘉庆年间 2 座，同治年间 1 座，光绪年间及清末 14 座。

4. 建筑形态

根据调查发现，其建筑层数为单层 10 座，二层 7 座；所有民居均带天井，四合院 15 座，三合院 2 座，三合院为平面开口式；矩形平面 15 座，凸形平面 2 座；硬山屋顶 16 座，歇山屋顶 1 座。

从保留现状来看，除列入文保单位之外，其余均破损，急需保护。

3.3.2　代表性民居

现有留存的晚清四合院民居较多，二层的以东岙村卓潘良宅（长寿宅）四合院、东岙顶陈氏四合院等为主要代表，见图 3-6、图 3-7。

图 3-6　东岙村卓潘良宅侧面　　　　图 3-7　东岙村卓潘良宅正面

资料来源：许友爱 摄

四合院平面形式为小天井、单院落。这些民居的外墙用石头砌成，内部为穿斗式木结构。石头外墙形体方正朴素，墙面斑驳虎皮纹明显，门脸墀头制作精美，上建瓦顶坡檐，二楼主窗台上有木结构的窗门，主窗台上木台窗透雕。民居内部为地板房、雕花窗、雕梁画栋，注重内装饰，呈现浓郁的闽南风格，特别是屋脊曲线造型特别明显。①

清代的单层合院式民居，以小朴村林明然宅为代表（图 3-8、图 3-9）。林明然宅建于 1885 年，为其祖父经商获利后修建的。该宅坐东南朝西北，由门

---

① 柯旭东. 洞头遗风调查初探 [M]. 北京：中国文联出版社，2014.

屋、厢房、正屋组成。门屋为单间，进深三柱五檩，门屋屋面就与两厢屋面用角梁搭接；两厢为两开间，进深三柱五檩，中柱落地，前后分心；正屋三开间，进深五柱九檩，中柱落地，抬梁穿斗混合式梁架。朝天井屋檐置勾头滴水，天井内块石铺地。①

图 3-8 小朴村林明然宅下面
资料来源：许友爱 摄

图 3-9 小朴村林明然宅俯瞰
资料来源：许友爱 摄

3.3.3 清代民居特征

清康熙之后，闽南人迁移至洞头海岛垦荒和定居，民居开始使用石头构筑。

清雍正和乾隆年间，出现了硬山或悬山顶的石木结构民居，并逐步演变为合院。现存的石头民居建筑，有的建造时间可追溯至清代嘉庆年间，如霓屿岛下郎黄忠干民居。

清代民居平面多为四合院或者开口三合院，石木结构，也有一些独立式民居，遗存较少。

屋顶多为双坡硬山，典型特征屋檐出檐，屋脊高翘，窗户有披檐。

楼层普遍只有一层，个别二层，建筑层高低矮，尺寸规模偏小。

材料建构上以石头和木材为主，较少使用砖。内部木作精美，特别是栏杆美人台的木作雕刻和图案有闽南文化影响。灰塑少量使用，主要用在墀头。石头雕刻较少。

3.4 中华民国民居

3.4.1 民居遗存调查（表3-2）

调查范围：本次调查遗存中华民国民居数量统计总共75座，文物保护单位7个，全国第三次文物普查登录点68个。

---

① 柯旭东. 洞头遗风调查初探［M］. 北京：中国文联出版社，2014.

地域分布：分布来看，60 座在洞头岛（北岙街道和东屏街道），1 座在状元岙岛，3 座霓屿岛，1 座在大门岛，11 座在鹿西岛。结合人口数据可以分析出，中华民国时期各个岛屿人口均有增长。

建筑形态：中华民国时期建筑形制多元，一条龙、三合院和四合院以均有遗存，建筑层数普遍为二层，个别出现三层。单体建筑规模的增大，也反映了中华民国时期洞头海岛渔商带来的富裕。

从保留现状来看，除列入文物保护单位之外，其余约一半均破损，部分拆改建。

中华民国遗存代表性民居列表 表 3-2

序号	名 称	建筑形制	建构特征	现状
1	北岙三盘海蜇行	二层，一条龙	砖石木结构，硬山顶	县级文保
2	北岙东沙陈进宅	二层，闭口三合院	砖石木结构，悬山顶	县级文保
3	北岙岭背陈森宅	二层，四合院	砖石木结构，硬山顶	县级文保
4	北岙小朴黄阿其民居	二层，一条龙	石木结构，歇山顶	正常
5	北岙小朴林明镜民居	二层，四合院	石木结构，歇山顶	破损
6	北岙小朴颜贻明民居	二层，四合院	砖石木结构，歇山顶	正常
7	北岙小朴林高治民居	二层，一条龙	石木结构，歇山顶	正常
8	北岙小朴林子景民居	二层，一条龙，两侧阳台	砖石木结构，歇山顶	正常
9	北岙小朴颜元杰民居	二层，四合院	砖石木结构，硬山顶	正常
10	北岙小朴林友努民居	二层，四合院	石木结构，硬山顶	破损
11	北岙小朴汪闷民居	二层，四合院	石木结构，硬山顶	部分改变
12	北岙小朴黄胜立民居	二层，一条龙	石木结构，歇山顶	正常
13	北岙小朴颜贻旦民居	二层，一条龙，带院墙	石木结构，硬山顶	正常
14	北岙岭背蔡良贵民居	二层，一条龙	石木结构，硬山顶	正常
15	北岙岭背陈仁辉民居	二层，一条龙	石木结构，硬山顶	失去价值
16	北岙岭背洪求阳民居	二层，一条龙	砖石木结构，硬山顶	失去价值
17	北岙岭背叶毕灵染布坊	二层，四合院	砖石木结构，硬山顶	失去价值
18	北岙城中张于桂民居	二层，四合院	砖石木结构，硬山顶	破损
19	北岙城中彭进毕民居	二层，一条龙	石木结构，硬山顶	正常
20	北岙银海苏梅森民居	二层，四合院	石木结构，硬山顶	正常
21	北岙东沙陈坤举民居	二层，一条龙五间	石木结构，歇山顶	部分改变
22	北岙铁炉头宋宗烈民居	单层，四合院	石木结构，悬山顶	破损
23	北岙铁炉头叶明长民居	二层，四合院	石木结构，硬山顶	正常
24	北岙大长坑张科民居	二层，四合院	石木结构，硬山顶	正常

序号	名　称	建筑形制	建构特征	现状
25	北岙大朴苏彩为民居	二层，四合院，凸形平面	石木结构，歇山顶	正常
26	北岙大朴林辣民居	二层，一条龙三间	石木结构，歇山顶	正常
27	北岙小长坑吴良民居	二层，四合院	石木结构，硬山顶	正常
28	北岙小三盘王乃钦民居	二层，四合院	石木结构，硬山顶	正常
29	北岙撞网岙倪春方民居	二层，一条龙	石木结构，硬山顶	正常
30	北岙大岙朱丰杰民居	二层，一条龙	石木结构，歇山顶	破损
31	北岙阜埠岙渔行旧址	二层，一条龙	石木结构，硬山顶	失去价值
32	北岙鸽尾礁褚进根民居	二层，四合院	石木结构，硬山顶	正常
33	北岙鸽尾礁汪文稿民居	二层，四合院	石木结构，硬山顶	正常
34	北岙鸽尾礁汪文长民居	三层，一条龙	石木结构，歇山顶	正常
35	北岙大王殿张孚荣民居	二层，四合院	石木结构，硬山顶	正常
36	北岙风门许曹超民居	二层，四合院	石木结构，硬山顶	破损
37	北岙风门叶元清民居	二层，四合院	石木结构，硬山顶	正常
38	东屏岙内叶宅叶玉真宅	三层，四合院	砖石木结构，硬山顶	省级文保
39	东屏东岙顶陈银珍故居	二层，四合院	石木结构，硬山顶	县级文保
40	东屏垅头曾国峰宅	二层，四合院	石木结构，硬山顶	县级文保
41	东屏洞头叶永源宅	二层，四合院	砖石木结构，硬山顶	县级文保
42	东屏东岙罗海滨民居	二层，四合院	砖石木结构，硬山顶	破损
43	东屏东岙陈后党民居	二层，闭口三合院	砖石木结构，硬山顶	破损
44	东屏东岙林奇民居	二层，一条龙	石木结构，硬山顶	破损
45	东屏东岙曾荣生民居	三层，一条龙	石木结构，硬山顶	破损
46	东屏东岙洪爱暖民居	三层，一条龙	石木结构，硬山顶	破损
47	东屏垅头陈钦笔民居	二层，四合院	石木结构，硬山顶	破损
48	东屏垅头陈宝英民居	单层，四合院	石木结构，硬山顶	破损
49	东屏垅头陈曙民居	两层，两间	石木结构，屋面攒尖顶	破损
50	东屏松柏园陈后艺民居	二层，四合院，大天井	石木结构，硬山顶	破损
51	东屏东岙顶曾文标民居	二层，四合院	石木结构，硬山顶	破损
52	东屏东岙顶洪继勇民居	二层，四合院	石木结构，硬山顶	破损
53	东屏东岙顶陈儒宏民居	二层，四合院	石木结构，硬山顶	破损
54	东屏东岙顶陈后勤民居	二层，四合院	石木结构，硬山顶	破损
55	东屏东岙顶洪求忠民居	二层，四合院	石木结构，硬山顶	破损
56	东屏后寮蔡柔力民居	二层，四合院	石木结构，硬山顶	破损

序号	名　称	建筑形制	建构特征	现状
57	东屏后寮郭秀本民居	二层，四合院	石木结构，硬山顶	破损
58	东屏洞头甘大傍民居	二层，四合院，五开间	石木结构，硬山顶	一间拆建
59	东屏洞头叶海东民居	二层，一条龙，进深大	石木结构，硬山顶	破损
60	东屏洞头吕海滨民居	二层，四合院	石木结构，硬山顶	破损
61	元觉沙角彭模宗民居	二层，一条龙三间	石木结构，歇山顶	正常
62	霓屿小北岙黄银土民居	二层，开口三合院，存正屋	石木结构，悬山顶	破损
63	霓屿石子岙陈金青民居	二层，一条龙三间	石木结构，硬山顶	部分改变
64	霓屿石子岙郭位欣民居	二层，一条龙三间	石木结构，硬山顶	部分改变
65	大门西浪陈多平民居	二层，一条龙五间	石木结构，歇山顶	正常
66	鹿西岙外杨从法民居	二层，一条龙三间	石木结构，硬山顶	破损
67	鹿西东臼陈岩灯民居	二层，一条龙三间	石木结构，歇山顶	正常
68	鹿西东臼陈安义民居	二层，一条龙三间	石木结构，歇山顶	正常
69	鹿西东臼朱岩兴民居	二层，一条龙三间	石木结构，歇山顶	正常
70	鹿西东臼李忠林民居	二层，一条龙五间	石木结构，歇山顶	正常
71	鹿西溪洞立黄立伍民居	二层，闭口三合院	石木结构，硬山顶	正常
72	鹿西口筐徐方忠民居	二层，闭口三合院	石木结构，硬山顶	正常
73	鹿西口筐孔万荣民居	二层，一条龙二间	石木结构，硬山顶	正常
74	鹿西口筐孔安林民居	二层，L形平面	石木结构，歇山硬山顶	正常
75	鹿西口筐林元财民居	二层，一条龙三间	砖石木结构，硬山顶	正常

3.4.2　代表性民居

　　岙内叶宅—叶玉真宅（图3-10、图3-11）占地面积337m²，建筑面积952m²，为省级文物保护单位。该宅坐西北，面向东南，是一座三层高的木石庭院建筑，由门屋、厢房和正屋组成，底层为渔产品交易场所。

图3-10　岙内叶宅—叶玉真宅侧面

图3-11　岙内叶宅—叶玉真宅鸟瞰

门屋五开间，进深三柱五檩；厢房面阔二开间，进深四柱九檩；正屋面阔五开间，进深五柱九檩。门屋正立面对砖磨缝技艺相当精湛，细部装饰为巴洛克式。厢房由方壁柱分隔，壁柱均为青砖、红砖相间垒砌。底层明间开大门，设踏步四级。大门两侧另设方形壁柱，直达二层。其窗套内均灰塑有各种花纹，具典型欧式风格。明间三层后部门依地势设通道与外界沟通。

垅头曾国峰宅（千禧宅）（图 3-12、图 3-13），占地面积 296m²，是县级文物保护单位。该宅坐西北朝东南，是由门屋、两厢、正屋组成的四合院建筑。

图 3-12　垅头曾国峰宅（千禧宅）侧面
资料来源：许友爱 摄

图 3-13　垅头曾国峰宅（千禧宅）正面
资料来源：许友爱 摄

门屋面阔单间进深三柱九檩。厢房面阔二间，进深三柱九檩，中柱落地，前后分心，两厢与门屋成同一立面。正屋面阔五间，进深五柱九檩，抬梁穿斗混合式梁架。门前设廊，前廊为卷篷顶，正心瓜拱，外拽挑檐檩，间缝分别有穿枋连接，二层设美人靠，部分木柱有祥云雕刻。所有单体为双层硬山顶，天井内置福寿纹滴水。

洞头村叶永源宅（图 3-14）建于 1933 年，面对洞头中心渔港，占地面积450m²，为县级文物保护单位。该宅坐东北朝西南，是由门屋、两厢、正屋组成的二层四合院建筑。

门屋大门两侧置方形壁柱，大门石门楣上方设匾额，顶部置山花。门屋各间用壁柱隔开，各间窗套均呈拱券形；大天井，呈八角形，东角置井一口，各单体均设前廊置砖砌前檐柱支撑天井屋檐。二层向天井面设宝瓶式回廊，所有单体均为歇山顶，盖阴阳小青瓦。房屋正立面墙体采用三顺一丁青砖错缝垒砌，山墙及背立面墙体块石垒砌，山墙上设鱼形雨漏。

门屋面阔五开间，进深五柱九檩；厢房面阔三开间，进深三柱七檩；正屋面阔五开间，进深七柱十三檩。两层五开间的正门面，长达 18m；门屋、厢房、正屋逐层推进，总进深度有 28m。正立面，用青砖按三顺一丁式的错缝结构，精心砌就；墙面以伸缩有序的直线，布置得凹凸有致，显示出层次感；一楼左右厢房之间，以八根四方形砖柱高高竖起，直至二楼屋檐，形成了一个大于 50m² 的八角形天井；砖柱的砌法与大屋正立面相同，内外呼应。

图 3-14　洞头村叶永源宅

3.4.3　中华民国民居特征

中华民国时期洞头海岛渔商产业发达，各类渔业贸易兴旺，三盘海蜇全球闻名，富裕的产业经济带来民居建设的高潮。

中华民国时期洞头海岛民居以四合院为主，个别还有闭口三合院，而聚落形态也从村落开始出现个别商业街，亦居亦商的独立式楼房沿街巷布置。这个时期，随着家族人口增多，渔商获利、经济富裕，民居建筑规模有较大发展，清代民居正屋以三间五架为主，而该时期则出现较多的五间七架。

屋顶模式也由硬山顶式升级为歇山顶。如岙内叶宅、北岙上街叶氏均为歇山顶四合院。屋顶也不出檐，屋脊也无翘角。

中华民国时期，独立式民居得到发展，底层商铺，上面居住，形成了一些商业街，以二层、三层为主。

随着人口增加、平面加大和商业功能的增加，建筑层高有所增加，更由二层的发展到三层的。

立面上下层以规整花岗石，或下层块石嵌砌上层砌青砖，或整个门面砖砌（以砖的颜色不同来点缀图案），从而达到了石头民居的建筑艺术高潮。

由于温州开埠，西风东渐，一些渔行主商户外出归来后，在建房时受上海、温州等各种欧式、折中主义风格影响，开始在墙面、屋顶、门楣、窗套、柱式等加入欧式元素。清朝合院在窗户等处有披檐及精美的图案装饰，至中华民国时期则门台或者窗户等处大多有各类拱券。

灰塑中华民国时期也开始大量使用，装饰精美。门台上方用石灰雕塑匾额，边框用各类花边。外置窗台普遍用灰砖相隔造几何图案，台窗上方用灰塑花卉等图案。

3.5 中华人民共和国成立初期民居

本书中的中华人民共和国成立初期，特指 1952 年洞头解放至 1978 年改革开放前这段时期，改革开放后，随着人工和石料价格上涨和交通的改善，民居基本上都采用钢筋混凝土和砖砌结构，石头民居逐步淡出。

3.5.1 民居遗存调查

调查范围：中华人民共和国成立之初因人口增长较快，因此这个时期遗存的民居较多，表 3-3 收录为第三次文物普查登录点，实际上类似建筑在海岛各个村落大量存在。

地域分布：该时期民居在各个海岛村落都大量存在，但近几年破坏很快。

建筑形态：从调查来看，中华人民共和国成立初期受经济条件限制，基本为一条龙两层民居，合院基本未见。

中华人民共和国成立初期遗存代表性民居列表　　　　　　　表 3-3

序号	名　称	时间	建筑形制	建构	现状
1	北岙汪月霞旧居	1970 年	二层，一条龙五间	石木结构，硬山顶	正常
2	北岙岭背林根树纸扎店	1956 年	二层，一条龙两间，进深五柱十九檩	石木结构，悬山顶	正常
3	北岙东沟叶阿娥民居	1950 年	二层，一条龙三间	石木结构，歇山顶	正常
4	北岙九亩丘叶元民民居	1956 年	二层，一条龙五间	石木结构，歇山顶	正常
5	元觉花岗陈永旺民居	1958 年	二层，一条龙五间	石木结构，歇山顶	正常
6	霓屿下郎黄根国民居	1953 年	二层，一条龙三间	石木结构，歇山顶	破损
7	霓屿石子岙林贻江民居	1950 年～1960 年	二层，一条龙三间	石木结构，歇山顶	部分改变
8	鹿西岙外陈庆才民居	约 1950 年	二层，三合院	石木结构，歇山顶	破损
9	鹿西扎不断陈升松民居	1966 年	二层，一条龙六间	石木结构，歇山顶	正常
10	鹿西扎不断赵顺良民居	约 1970 年	二层，一条龙六间	石木结构，硬山顶	正常
11	鹿西昌鱼礁叶祥训民居	1962 年	二层，一条龙三间	石木结构，硬山顶	正常

3.5.2　代表性民居

　　鹿西扎不断赵顺良民居（图3-15），建于20世纪70年代，其年代并不久远，面积较大，建筑保存良好。该宅坐东北朝西南，二层石木结构单体建筑。面阔六间，进深三柱七檩，穿斗式梁架。屋面硬山顶，盖小青瓦，山墙块石砌成，水泥钩缝，该宅正立面两侧各设大门。

图 3-15　鹿西扎不断赵顺良民居

资料来源：许友爱　摄

　　花岗村民居以二层为主，基本为一条龙，三间至五间，屋顶歇山顶或硬山顶，见图3-16、图3-17。

图 3-16　花岗村民居

图 3-17　花岗村民居

3.5.3　中华人民共和国成立初期民居特征

　　中华人民共和国成立初期，由于地处海防前线以及经济条件限制和思想观念的变化，加之人口增多和土地稀缺，新建的住宅极少出现合院式布局，建筑风格变化很大。此时的民居以二三层的独立楼房为主，不再有天井，房屋基本上为硬山或者歇山式建筑。

受苏联影响，很多建筑上面有装饰五角星或年代数字以及标语口号等，檐口改为女儿墙装饰线条及灰塑。有的建筑仍旧沿用石材为主，有的建筑开始使用砖和混凝土。造型上也趋向简洁，逐渐废除复杂灰塑图案，因为认为那是"旧社会"的文化，形式和结构也趋向简单。后期建筑则更加简化，回归质朴，装饰全无。

第

4

章

建筑形态分析

　　"形态"是形状和神态，以及事物在一定条件下的表现形式。建筑形态主要涉及建筑的平面形制、剖面空间、屋顶样式、立面样式，是让人感知的空间和看到的物质存在形状。研究建筑形态是民居第一层次研究，主要利用前面的调查运用类型学进行归纳、分类、比较，分析建筑形态的环境适应以及所受的闽南文化、渔商文化的影响等。

4.1　平面形制

4.1.1　建筑环境

　　"门"和"堂"的分立是中国建筑主要的特色之一，其原因大概是出于内外、上下、宾主有别的"礼"的精神。分析民居单体平面形制离不开建筑环境，海岛民居的建筑环境随着时代和建筑的演变，海岛民居的平面形制曾分别出现过院房制、坦房制、天井制等三种类型，见图4-1。

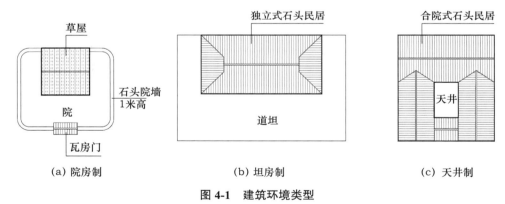

（a）院房制　　　　　　　（b）坦房制　　　　　　　（c）天井制

图 4-1　建筑环境类型

1. 院房制

　　海岛早期民居最大的特点就是院房制。院房制具有独特的"草屋瓦墙门"，草屋的周边设置石头围墙，主要是为了防风。

2. 坦房制（图4-2、图4-3）

　　随着建筑采用石头砌筑，院墙防风的功能已经由建筑自身结构来完成，所以通常屋前设有一片空地，俗称"道坦"，主要功能是渔民用作晒鱼干、整修渔网等，即可称为坦房制。例如花岗村，单体民宅看似简单，村子里的道路变化无规则，随地势而曲曲折折、起起伏伏，各个建筑单体依据地形前后、左右、上下相互连接、贯通，整体的布局自由、多变、灵活，但绝大部分都有道坦。道坦是非常重要的邻里之间交往、闲谈、聚会的空间。同样是屋前空地，院和坦的区别是，院有围墙，坦基本没有。院房制和坦房制和海岛渔民生活息息相关，一直延续至今。

图 4-2　渔民道坦结网
资料来源：张锦显 摄

图 4-3　渔民道坦补网
资料来源：叶英群 摄

3. 天井制

随着合院建筑的出现，道坦的功能趋于弱化，生活的习俗。建筑环境关系由"外—内"演变成"外—天井灰空间—内"。天井制除了能够满足功能和礼制的需求，还能够克服海岛的恶劣天气并防御海盗。此外，天井制合院建筑也由于天井较小，通常会设有道坦。

4.1.2　平面特点

1. 规模较小

从调查来看，洞头海岛民居单体建筑规模不大，主要原因是：建于丘陵山地之上，受地形限制；因海岛资源有限，节约用地意识很强；移民家庭规模不大，成家后分开居住，独立意识较强。

2. 形态稳定

海岛民居建筑体量较小，建筑前后有明显高差，为了抗风和节约资源，通常追求简单体型，以平面上的线形、回形为主。根据石头民居调查案例汇总，主要平面可以分为合院式和独立式，其中合院式有四合院、三合院。合院式规模以"落"表示，独立式也俗称"一条龙"，规模以"间"表示。从现存建筑来看，各个时代略有差异，总体来说以三五间居多，其他平面类型较少，可以看出海岛民居形态保持了相对稳定性。

3.平面对称

无论是合院还是一条龙式，整体民居平面对称，形状规整，各功能房间门房、天井、正厅、厨房、餐厅、厢房、卧室等布局巧妙，形成一个有机整体，不论外部台风或大潮，内部安然不动，给人以均衡感和稳定感。

4.1.3 四合院

海岛民居的合院式实际为天井式，不同于北方的合院式。天井式民居的形制特征，是以天井为中心，环绕天井布置门屋、正屋、厢房、檐廊、回廊等。从平面来看，海岛民居的合院与闽南泉州传统民居的"三间张"和"五间张"颇为类似，只是建筑规模和房屋数量稍微略小，巷廊减少，两侧厢房也称"伸脚"，正屋明间称为"厅堂"或"后堂"，称谓也与闽南一样。

留存的四合院有一层和二层两种，少数出现三层。四合院平面格局，结构如九宫格，一般由门屋、两厢、正屋、天井组成，空间封闭私密性高。单层四合院，一般只有门屋和正厅为开放式，其余为封闭式房间。二层四合院则底层围合封闭自由特征明显，通常采用混合布置，平面规模大则开放空间越多。

如图4-4、图4-5所示，常见四合院形制有门屋为单开间或三开间，两侧厢房为三开间，正屋也是三开间或五开间。正屋居中为正厅，两边上房，门屋两边是厢房，当中是天井。三开间四合院天井尺寸非常小，平面为矩形或凸形，平面长宽比根据实际灵活比例，也称深井，常见正屋有檐廊。五开间四合院天井稍微大一点，如叶永源宅之八角天井，常见做法环天井有回廊和美人靠。中华民国时期，五开间四合院由于平面大，常见楼梯较多，主要原因是居住人口较多，也有小家庭，出于屋内私密性需要，进行了适当分隔。

四合院民居有峇内叶永明宅、东峇卓潘良宅、东峇顶陈银珍故居、东峇村陈后党宅等，总体来说保留较多，年代基本处于清末和中华民国。

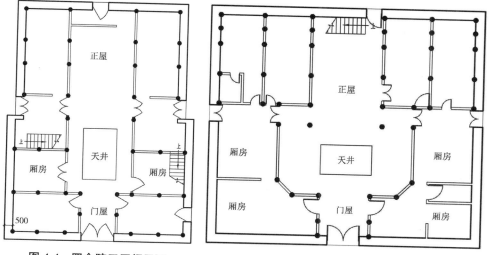

图 4-4　四合院三开间平面　　　　　　图 4-5　四合院五开间平面

4.1.4　三合院

　　三合院即是以正房三间或五间，二厢各一间或两间辅助用房或厢廊所围合形成的，民间也有人称之为"三间两廊式"。

　　清末至中华民国初期，由四合院衍生出三合院。洞头的三合院结构主要有敞口式和封闭式两种模式（图 4-6、图 4-7）。所谓敞口式就是中间正屋和左右厢房无围墙连接，与外界相贯通；所谓封闭式就是正屋和左右厢房有围墙连接起来，并在围墙通堂屋相对处开门，也有小天井。

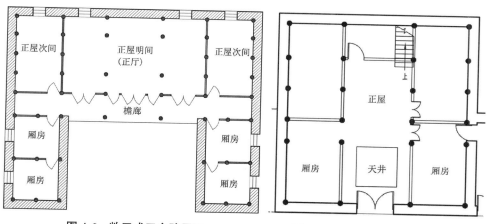

图 4-6　敞口式三合院平面　　　　　　图 4-7　封闭式三合院陈进宅平面

　　三合院这种建筑模式曾主要在状元岙岛、霓屿岛、鹿西岛一带居多，但如今仅少数保留下来。开口式三合院有霓屿下郎黄忠干民居、霓屿正岙黄氏祖厝、霓屿黄根土民居；封闭式三合院有东沙陈进宅、鹿西溪洞立黄立伍民居、鹿西口筐徐方忠民居、鹿西岙外陈庆才民等。由于封闭式三合院在浙南陆地，如楠溪江和泰顺较多。从洞头海岛地域分布来看，这也反映了移民地域文化的影响。虽然三合院不是海岛民居主流，但是其中东沙陈进宅是三合院建筑的优秀代表，建筑风格中西合璧，同时也包含着一段洞头抗击海盗的历史，具有重要文物价值。

4.1.5 独立式

中国传统民居以"间"为基本单位，独立式也称一条龙，有三间、四间、五间、六间、七间等。在独立式中，"三间张"是最基本的形态，由正堂、左右房组成（图4-8）。《明典》卷三、六十一部载："庶民所居房舍，不过三间五架"，其平面为正房三间及边房二间，正堂为五架进深，这种类型民间也称为"一条龙式"（图4-9）。当人丁增加时，可向左右延长增加至七开间等或向纵深扩展，形成多进的大宅院[①]。

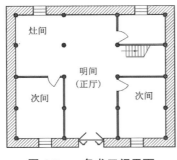
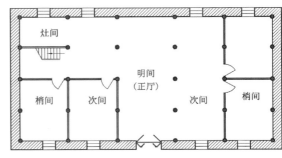

图4-8　一条龙三间平面　　　　　　　　图4-9　一条龙五间平面

独立式民居整体形态如"一"字形，只有正身而没有左右的护龙，最小面宽只有三间，是最为基本的形态，呈现"一明两暗"格局。中间为厅，左右两边次间为卧室及辅助房间。若嫌不够时，两端各加一间，为五间。而再长的常见为六间，六间则是两个三间组合，其余七间及以上由于受海岛丘陵地形限制较少见。每间面宽受檩条长度限制，一般为3m左右，进深最常见为五柱九檩，檩距一般在1m左右，所以对应房间进深多为8m左右。

从历史演变时间来看，由于中华民国时期渔行商业街的兴起，以及中华人民共和国成立之初人口增长，这段时期成为了独立式民居的建设集中期。从功能来看，独立式民居除了居住之外，渔商文化最为明显，平面形制略有差异，由于一字沿街，所有沿街面均可做门面，这种建筑在中华民国时期最多，如三盘海蜇行、北岙阜埠岙渔行旧址以及北岙，底层朝街面全部是门。在功能分布

---

① 祝云. 浙闽传统灰砖合院式民居空间形态比较研究［D］. 泉州：华侨大学，2006.

上，独立式民居普遍采用上居下商的做法，即底层作为商业用房，上层用来居住。

民居平面横向发展也称长屋形制，属于浙南陆地民居特征之一。长屋形制在中国历史上因"庶臣居室制度"的礼制等级思想而退出舞台，但在浙南永嘉、泰顺等地却因地处偏远封闭而保留了下来。从海岛民居调查来看，在温州陆地移民较多的大门岛、霓屿岛，偶尔可见这种长屋形制，如大门西浪陈多平宅（表4-1）。

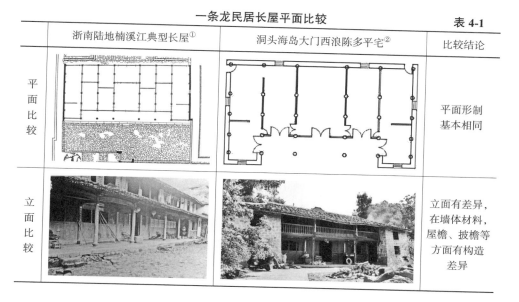

一条龙民居长屋平面比较　　　　　　　　　　表 4-1

	浙南陆地楠溪江典型长屋[1]	洞头海岛大门西浪陈多平宅[2]	比较结论
平面比较			平面形制基本相同
立面比较			立面有差异，在墙体材料、屋檐、披檐等方面有构造差异

4.2 厅堂空间、剖面、屋顶

4.2.1 厅堂空间

海岛民居合院式建筑剖面沿纵深方向主要由门房、天井和厅堂所构成。这种构成方式也是形成合院空间的基础，从街道进入门房，进入天井，最后进入厅堂。从使用功能来看，这种构成方式形成了"建筑—天井—建筑"的构筑模式；从空间模式上分析，则形成了"外部空间—内部空间—天井空间—内部空间"的空间序列[3]。门厅、厅堂和天井是一体的灰空间，当厢房也有部分开放式，则为整体灰空间。洞头海岛厅堂空间的内向开放性，是由于内部使用、地域气候、社会人文等因素决定的。

---

① 图片来源：楼庆西，陈志华，罗德胤，李秋香. 浙江民居 [M]. 北京：清华大学出版社，2010.
② 图片来源：洞头区文保所。
③ 祝云. 浙闽传统灰砖合院式民居空间形态比较研究 [D]. 泉州：华侨大学，2006.

首先，开放式灰空间是渔民在家休养、修整、交流的重要场所，也是存放一些渔具甚至渔业商贸所需，功能的多样性决定了空间的灵活性。

其次，由于地域气候特征，夏天湿热，当地渔民通常打开门窗，利用天井拔风形成对流，营造凉爽的室内局部小环境。天井在民居建筑中具有连接建筑内外纽带的作用，是空气、光线的连通口，天井空间的狭窄高深可以减少太阳直射①。

再次，以天井为中心，强化了空间的归属感和秩序感，提升家族的向心力。把厅堂和天井形成整体，这样的利用效率显然就会更高，既能满足一定的私密性，又能满足一定的公共性的心理要求（图4-10）。

天井平面形状一般为矩形，有长条形，也有八角形，如洞头叶永源宅。

图 4-10 天井形状

而独立式民居，则通常将中间作为厅堂，开间加宽，作为公共空间，两侧为住宿或其他功能。一条龙民居根据结构不同，内部厅堂有两种形式。内部是穿斗式构架时，通常开间五间，除了两个边间分隔为房间外，则内部呈框架体系，不做隔墙，加大厅堂公共空间。当内部也是横向石墙承重时，虽然没有合院式向心力强，但是由于旁边房间朝厅堂开门，也形成一定的主从关系。

---

① 邓蜀阳，李洁莹. 湿热地区传统民居中的自然通风策略［J］. 建筑与文化，2016.

4.2.2 剖面分析

1.石头民居建筑剖面（图4-11）

石头民居水平构成有屋顶、楼板、地面；竖向构成有外墙石头墙、木柱、内墙木隔板、内墙石头墙。除了清末门屋正面和个别窗户有一点瓦檐外，屋面朝外基本无出檐，中华民国及后期则受西洋式影响，门屋瓦檐也无，直接女儿墙。屋面朝内天井设有瓦檐，出檐尺度0.4m左右，楼层朝内天井则有美人靠、雕花栏杆栏板等，制作精美，所用图案样式有闽南文化元素。楼板及楼梯则为木作，不似闽南以条石当楼板。

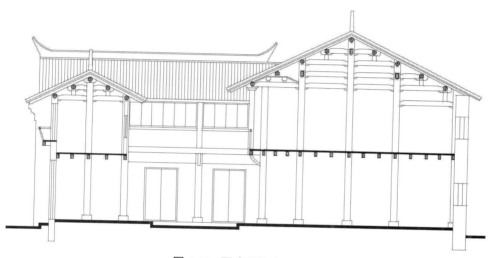

图 4-11 石头民居建筑剖面

2.剖面尺度

一般底层层高为2.4～2.8m，二层至檐口层高更矮，为2.0～2.4m左右。从遗存民居来看，清代民居层高最小，由于石头墙体材料和工艺改进，中华民国及中华人民共和国成立后民居层高则有所加高。民居低矮，层高建构方便节材，有利避风。

3.剖面空间关系

以二层四合院为例，天井平面在屋顶处的净尺寸仅为2.5m×3.5m左右，而层高则一般大于5m，深井特征比较明显。屋顶多采用人字坡顶的硬山封檐，其夹层作为贮物及多用途空间。

根据调查，海岛民居合院建筑天井剖面空间有明显的锥形形状，底层最大，二层出挑，屋顶出檐，上部开口见天很少，属于逐步缩小收拢的空间，整体"藏气"特征明显。

从剖面来看，除了门屋墀头装饰需要外，为了减少台风影响，朝外墙一般无阳台、雨披等附属构件。遗存的清代东岙村卓潘良宅（长寿宅）（图4-12）是早期在门屋设置内阳台和美人靠的典型做法，造型优美。从调查的这批民居来看，只有中华民国北岙小朴林子景民居设置山墙两侧落柱小阳台（图4-13），其余未见。

图4-12　东岙村卓潘良宅门屋美人靠　　　图4-13　小朴林子景民居山墙阳台

4.2.3　屋顶样式

洞头海岛石头民居的屋顶均为坡屋顶，屋顶形式有硬山、悬山、歇山。屋顶形式特点为形式自由、坡度合理、控制出檐。

从洞头海岛石头民居遗留建筑来看，各种屋面形式均有看似自由，实则有一定的理性内涵。例如，合院民居以硬山顶、悬山顶为主（图4-14），只有正屋偶见歇山顶和庑殿式；渔岙叶氏、北岙上街叶氏均为歇山顶四合院（图4-15）；一条龙式民居则以硬山顶为主，歇山顶较少。一般认为，浙江传统民居山墙对面会导致屋脊相冲，属于风水忌讳。而洞头民居硬山顶则自由布置，正面、侧面均能所见。歇山和庑殿式屋顶虽然抗风有利，但是木构复杂，所以使用不多。洞头石头民居歇山和庑殿式屋顶在形制上有所变异，更加像是两则结合，这也是明显的地域特征。

屋顶坡度是决定屋顶抗风排雨水性能的主要因素。海岛台风往往伴随着大量的降雨。一般来说，降雨强度越大则屋而坡度应越陡。但在台风影响下，和缓坡屋而相比，陡坡屋而要承受更大的风压，显然对建筑抗风不利[1]。坡屋顶高跨比为1:3左右，这是当地长期摸索建造经验的结果。

---

① 周伊利，宋德萱. 浙东南传统民居生态适应性研究 [J]. 住宅科技，2011.

图 4-14　硬山屋顶
资料来源：许友爱　摄

图 4-15　叶永源宅歇山屋顶
资料来源：许友爱　摄

　　浙南楠溪江民居具有深远出檐的特征（图 4-16），而海岛石头民居的坡屋顶不会设置过深的挑檐。因为过深的挑檐会使屋顶在台风作用下被掀翻、吹毁。一般坡屋顶会设计成无檐或短檐形式（图 4-17）。

图 4-16　楠溪江民居出檐
资料来源：丁俊清. 温州乡土建筑

图 4-17　洞头民居檐口

　　从遗留民居来看（图 4-18、图 4-19），清代民居受闽南文化影响，屋脊翘角飞扬，类似闽南大厝的燕尾脊，如苔呑张美文民居、呑内叶永明民居。后期则屋脊越来越短，不重造型，考虑抗风，重实用。

图 4-18　屋脊
资料来源：叶凌志. 海岛老厝

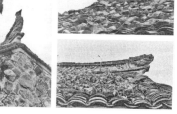

图 4-19　飞檐
资料来源：许友爱　摄

4.3 立面样式

4.3.1 造型形态

为适应海岛地域气候条件,民居建筑逐渐形成具有独特审美的建筑风貌,总体造型方正,特别是合院建筑,基本为正方形。基于抗风需求,建筑体量较小,建筑立面结构通常简单平直,很难见到上下错落、出挑特立的效果,其中装饰构件极为少见。与平原地区丰富的立面形态相比较,其总体呈现出非常粗犷的造型。

建筑体型规模通常不是特别庞大,最大形制也就五开间四合院,建筑高度基本都是一二层,三层很少,整体形态受地形及经济物质条件限制,表现出一定的稳定性。

从村庄风貌来看,由于村落移民以及海岛渔民比较团结,各个民居虽然形制不大,但是组合形态非常优美。或紧凑布局如花岗和石头虎皮房一样肌理,或类似松紧有度轴线明显如小朴村,或如金岙村、东岙村整体似海星平面。

总结海岛民居造型形态的形成主要原因有:(1)受其主要石头材料性能限制,立面造型不宜错落构建,通常为简单造型;(2)海岛自然灾害较多,当地居民多寄希望于神能保佑其海上作业平安,民居呈现因陋就简、不图浮靡的海洋意识形态和生存理念,极少进行立面复杂的造型和装饰;(3)岛屿地区海风极大,复杂的立面造型削弱建筑的抗风能力[1]。

4.3.2 立面质感

墙体多就地取材,建材多选用海边礁石、溪石、毛石、花岗岩条石等。砌筑方法多样,有乱石砌、平砌、人字砌等,形成虎皮墙,色彩冷暖丰富搭配,后期形成九十墙,通过砺灰勾缝更加显得粗犷美。台州、闽南地区石头构筑建筑,石头雕刻较多,而洞头几乎没有雕刻,这与节材节时的审美情趣,以及多种材料构筑美学分工有关。

多种材料的美学分工,充分发挥各种材料材质性能,这是海岛民居建造的重要智慧。例如清代的立面,以石墙为背景,门台则用木构为主与二层窗户的墀头坡檐,所有装饰均在木构和墀头上,分工明确,为了取得稳重的效果,通常正面二层进行粉刷白墙;中华民国时期,立面则以砖作和灰雕为主要装饰功能。用灰塑作为外墙面装饰,一般只是局部应用,用在墀头门台、屋脊、女儿

---

① 方贤峰. 浙东传统民居建筑形态研究 [D]. 杭州:浙江工业大学,2010.

墙等，其细腻的造型与古朴粗糙的花岗岩墙面形成鲜明对比。

如图 4-20、图 4-21 所示，海岛民居以一层三开间正立面，或者二层三开间、五开间为主，正立面一般的宽高比通常保持在 2～3.67，这是由于抗风要求，也是一种均衡稳重美感的比例控制。

统一的坡屋顶以及屋面瓦上整齐重复排列的压瓦石或砺灰压带，形成了具有类似韵律美的屋顶装饰性图案，远远望去，屋顶上仿佛被打上了层层叠叠的绷带，其简洁大气、朴素无华的外形，反映出海岛居民的独特气质。

图 4-20 典型合院式立面

图 4-21 典型独立式立面

海岛民居的门窗、墀头、屋脊、山墙、滴水等建筑细部构造，因为在造型、材质、装饰上存在对比与差异，所以使立面看上去，既统一又不失单调。

外墙色彩以材料本身色彩体现，如外墙花岗岩青、白、黄相间，色彩斑驳，砖墙则抹灰白色砺灰，基本呈现朴素的本质特征，不似闽南崇尚红色。直到中华民国时期受西洋风影响，个别建筑才出现红砖青砖间隔砌筑的外形。

4.3.3 风格演变

洞头海岛现存的石头民居，从清末到中华人民共和国成立之初，时间跨度约 100 余年。建筑形态风格也是一直在演变，从传统民居风格、闽浙文化交融，到西洋建筑传入、折中主义流行，到回归质朴回真，都是有地域性改良痕迹。

传统民居风格以清代为主，存在少量中华民国建筑，如东岙卓潘良民居等（图 4-22、图 4-23）和东岙顶村陈银珍故居为代表，主要特征是，在门房、窗户处保留一点瓦檐，砖砌墀头较大，正门木作精美。

正立面墙面上部有坡檐墀头，例如门台处、窗户处、檐口处，下部则简洁无用，导致形体比例上大下小，美学失衡。但海岛民居却通过材质对比，重新取得稳重端庄之美，底层石头墙直接裸露，二层外墙用砺灰粉白，显示上部细腻，下部粗犷，建筑正面对称。

图 4-22　东岙卓潘良民居
资料来源：许友爱 摄

图 4-23　岙内叶永明民居图
资料来源：许友爱 摄

中华民国时期，一些在外经营的渔商，从外面带来了西洋建筑文化。温州市区解放南北路、信河街与五马街等老商业街鳞次栉比的联排式老商住楼，大都建于20世纪20年代、30年代，大多为西洋式的立面。由于近代的西方建筑，多为尖顶或平顶样式，在解决如何与传统的坡顶民居相结合的问题上，办法是重塑建筑整个立面，并拔高女儿墙，使人行街道上的正常视高看不到原先的坡顶，这种做法在海岛一些沿街底商住宅比较常见[①]。

在对立面的塑造上，由于海岛民居形制较小，不可能照搬欧陆建筑的繁复琐杂或高大宏伟，惟一的办法就是"洋为中用"，即发挥地方能工巧匠善于雕塑造型的特长，截取西洋建筑的特征、符号，如门台、檐部、窗套等，添加于这些立面之上。海岛民居这些细部装饰不用石头雕刻，而是大量采用砖作和灰塑做法，体现了匠作的灵活性。

折中主义风格以岙内叶宅叶美真宅（图4-24）、东沙陈进宅（图4-25）、垄头曾宅、小朴颜贻明宅为代表，主要特征是，门台正面按照欧式风格制作，正面没有坡檐，线条及灰塑较多，灰塑风格西洋式。

图 4-24　岙内叶玉真宅
资料来源：许友爱 摄

图 4-25　东沙陈进宅
资料来源：许友爱 摄

---

① 戴叶子. 温州近代城市与建筑形态演变初探. 第十二届中国民居学术研讨会议暨温州民居研讨会论文集［Z］. 2001：160-165.

中华人民共和国成立初期，建筑外立面风格大致有两种类型，一种是学苏联带来的略带革命印记的装饰主义，一种是完全质朴干净的立面。前一种代表建筑有东沙两处民宅以及鹿西岛几处民居。主要特点是，檐口改矮女儿墙做线条，标识五角星，并书写年号和革命标语等（图4-26、图4-27）。后期建筑一条龙为主，风格回归质朴，舍去所有装饰，加大门窗，说明海岛渔民脱离原有文化，走向务实。

图4-26 民居门口徽章
资料来源：远去的村影

图4-27 民居女儿墙造型

从各个时期的比较来看，海岛民居的风格大致脉络是从繁杂走向简朴，从闽南到浙闽交融到西洋折中主义，再到革命特征装饰主义，最后回归质朴。

4.3.4 门台

门台入口大门作为装饰的重点，在立面上与其他部位形成强烈的反差，这种文化意识的来源和闽南人的居住思想相同。

门台实际为门屋的正面，清代门台的装饰在于木构和坡檐和墀头，精美雕刻木构和墀头，并利用大门上方设置美人靠或栏杆，二层做挑台功能。这种样式通常两边窗户也是一样的做法，窗户两边也砌筑墀头支撑坡檐，窗台下还有灰塑装饰，造型优美。如东岙卓潘良民居（图4-28、图4-29）、岙内叶永明民居、苔岙张美文民居都是属于典型代表，而中华民国时期除东岙顶陈银珍故居外，基本未见该做法。作者通过调查认为，这是由于石墙较厚，窗户较小以及窗桄本身能起到遮阳作用，清代民居门窗墀头坡檐构造做法实际使用中属于"花把式"，且易受台风破损，所以后来慢慢被淘汰而少见。这种演变，可以看出海岛居民理性务实的特征。

中华民国时期的门台上下层用乱石、杂石交错堆砌；或下层石砌、上层砌灰砖；或整个门面砖砌，或以灰泥粉饰门面。海岛民居注重内外统一装饰，虽然木架结构没有雕梁画栋，门窗面积较大，门台不仅用石灰雕塑花卉、凤凰等精美图案。门台上方置灰砖雕塑瓶状、八卦、桧树、神兽图案，象征平安和镇宅[①]。

图 4-28　东岙卓潘良民居门台　　　　图 4-29　东岙卓潘良民居窗户坡檐

资料来源：许友爱 摄

　　从表 4-2 可以看出，中华民国时期门台受巴洛克西洋风格影响较大，当地工匠在结合灰塑基础上，创新形式，创造出造型优美的门台。

中华民国时期西洋式门台汇总一览[②]　　　　　表 4-2

---

① 王和坤，林志军. 洞头人"缘"来福建游子 [Z]. 温州：网络资料，2016.

② 表中图片部分来源：叶凌志. 海岛老厝. 北京：中国图书出版社，2015；部分来源作者自摄；部分来源许友爱摄影。

门台上方用石灰雕塑匾额，两侧用石灰雕塑对联，边框用各类花边，以表示祥瑞或赞扬主人的道德品行，或寄托对家宅兴旺的希冀。门面匾额周围旁饰金钱、花卉、八卦，神兽等图案点缀，象征吉祥兴旺。①

4.4 门窗、细部

4.4.1 门窗形式

1. 门窗规格尺寸

从结构角度来看，由于所有民居外墙受石墙、石过梁限制，所以门窗洞口宽度均较小。朝内天井门窗则未受限制，合院式民居以内天井采光为主。中华人民共和国成立后，由于多采用独立式一条龙民居，石头房窗洞略有加大，但整体还是非常小，这也是防台风和隔热的需要。

2. 通风遮阳

由于洞头海岛地区的气候相对比较潮湿闷热，民居为了解决这一问题，一般将室内与室外的空间设计为连通的，通常以镂空的门窗格形式实现，以保证良好的通风散热效果。窗户均有窗楹，能起到遮阳作用。

3. 门窗构造

入口户门一般为双层门，外门为镂空直棂为主，外门有折叠式或平开式，内门为拼板木门内开，平时使用时内门均为打开。值得注意的是，门下门框、门槛构造在外门封闭之后，无论海盗入侵或台风肆虐均很难破门而入。内门均为拼板木门，根据经济条件，有的雕花精美，有的简洁。表4-3所示为户门立面样式。

户门立面样式 表 4-3

窗户也是双层构造，外设固定窗楹，内部再设置为木窗，向内平开。外侧窗楹为薄青砖砌筑，造型精美。温岭石头民居采用石头窗户，而洞头却流行砖

---

① 王和坤，林志军. 洞头人"缘"来福建游子 [Z]. 温州：网络资料，2016.

砌窗棂加木窗，除了经济水平差异，还有重要的因素是两地石头材质的可加工性和当地的工艺水平。朝天井有内窗均为木窗，尺寸较大，横向贯通，木雕花格精美。

4.4.2 窗户装饰

表 4-4 所示为窗棂与拱券样式。

窗棂与拱券样式 表 4-4

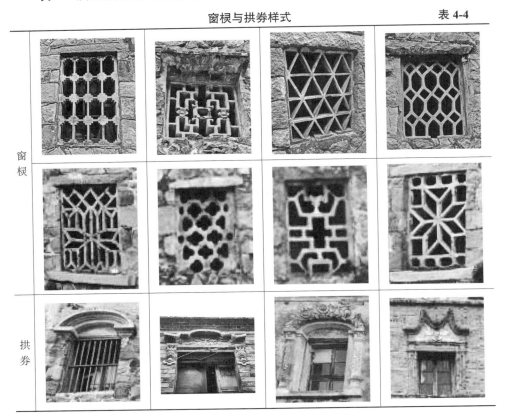

窗棂	
拱券	

1. 窗棂

窗棂虽然砖瓦作，但是仍有造型花样，图案呈简洁几何拼接，传统木窗各式窗格在洞头海岛大部分能看到。砌筑工艺高超，砺灰粉刷之后为白色，窗棂风格细腻，与虎皮石头墙粗糙形成强烈对比。

这些窗棂主要起通风遮阳和防御功能。窗棂为砖和瓦构造，正面通风面较大，实际则有一定构件深度，起到了垂直遮阳的作用，也比较牢固、防风防盗。从形态来看，比较自由，一户可以不一样。砖瓦窗棂从清代一直沿用至今。

2. 拱券

中华民国时期合院式民居的门台或者窗户等处大多有各类拱券。除了小朴村颜贻明宅为石头拱券外，其余均为砖作。拱券的样式较多，没有实际力学功能，仅仅为装饰。

4.4.3 细部

1. 墀头

墀头的做法主要分两种，起到在门台或者窗户支撑坡檐的作用，而其余檐口墀头则无特别装饰造型简单。如表4-5所示，墀头总体来看闽南风格明显，特别是东岙卓潘良民居墀头、东岙顶陈银珍故居墀头在斜面做装饰灰塑做法，同闽南大厝墀头相同①。而东岙顶陈后勤民居、洪继勇民居墀头造型则更加接近浙南陆地民居做法，用砖分层挑出后在做弧形牛腿。

代表性门台墀头   表 4-5

卓潘良民居墀头	陈银珍故居墀头	陈后勤民居墀头	洪继勇民居墀头

资料来源：许友爱 摄

2. 石牛腿（图4-30、图4-31）

图 4-30　石牛腿仰视　　　　　　图 4-31　石牛腿正面

海岛民居在主入口大门处，由于门跨受石头过梁限制，为了取得较大门

---

① 郑慧铭. 闽南传统建筑装饰［M］. 北京：中国建筑工业出版社，2018.

洞，故通常都有设置石牛腿。海岛民居石构不施雕刻，唯有石牛腿雕刻精美。海岛民居中的石头构件造型简洁，与闽南民居石头构件重雕刻装饰截然不同，说明建房者思想趋于务实，考虑到了海岛石头雕刻工匠较少。

3. 栏杆美人靠（图4-32、图4-33）

图4-32　东岙顶陈儒宏民居二层回廊　　　　图4-33　洞头吕海滨民居二楼美人靠
资料来源：许友爱 摄　　　　　　　　　　　资料来源：许友爱 摄

朝内天井通常设置木栏杆和美人靠，木栏杆和美人靠装饰有回纹、万字纹、花草纹或宝瓶式等，题材自由，但不追求特别复杂雕刻。从调查来看栏杆保存较多，美人靠遗留较少，破损较多。

4. 灰塑装饰

海岛民居大量使用灰塑装饰，主要体现在门台、匾额、对联、女儿墙、窗户、墀头上，见表4-6。在清代，主要为传统闽南文化题材；在中华民国时期，则偏向欧西洋花式。因此总体来看，灰塑装饰的题材是自由的。

灰塑装饰　　　　　　　　　　　　　　　　　　　表4-6

灰塑纹饰				
灰塑滴水				

5. 灰塑滴水

石头民居由于外墙基本无出檐，因而采用女儿墙排水或屋檐直接下水，通常设置造型滴水。一般滴水采用龙、鱼、三脚蛤蟆等造型，颇具海洋文化的表现形式，形成地域特色。其作用一是用于排水，二是为了镇宅，三是象征年年有余。

以鱼形滴水为例，个别为中国传统鲤鱼造型，大部分均为海洋鱼类造型，呈现海洋性文化特征。特别是大长坑张科民居滴水（图4-34），有鱼有虾，各种姿态、活蹦乱跳。

图4-34　大长坑张科民居鱼虾滴水
资料来源：许友爱　摄

第 5 章

材料建构技术

建构包含技术和文化。技术方面包括结构和构造技术。利用建构理论提供的角度和框架，研究传统乡土建筑的材料、结构、构造、连接建筑艺术和技术，研究民居在地性建构特征，是主要研究方向之一。

5.1 建筑材料

5.1.1 石头

洞头海岛盛产花岗岩石材，花岗岩是最常见的建筑用火成岩。它的主要矿物组成是长石、石英，为结晶状、攀状结构，通常有灰、白、黄、红等多种颜色，具有很好的装饰性、抗风化性及耐久性。石材热惰性较好，石砌墙体具有隔热保温功能。

就海岛建筑材料分类来说，主要有块石、乱石、卵石、片石等。作为砌块材料应用于建筑当中的石材基本上分两类：一类是加工磨制精细，应用于高级建筑中的块石；另一类是加工方便，多应用于民居当中的乱石，它们常靠堆砌而筑成，粘结多用砺灰泥土，也有仅依靠材料本身的堆砌。以花岗岩毛石搭建住宅的基础部分，并将基础的顶面扩大搭建平台，可以当作院子，平时活动和晾晒都很方便。地面的铺装、围墙等均用石材建造。

有的民居建在山坡上，需要用石阶与路面相连。台阶采用简单加工的条石或乱石砌筑铺砌，如金岙村石阶就比较美观。擅长用石头建房，也证明了海岛居民是从闽南移居来的。

5.1.2 木材

海岛属于丘陵地貌，植被良好，木材众多，而建筑使用的主要为杉树。杉树的生长速度较快，主干通直、结构均匀、不翘不裂、纹理清晰，顺纹拥有极强的抗弯、抗压能力，不易出现折断的现象。它能够长时间的浸泡在水中而不出现变形、变质的情况，这使得它可以充分利用水源，适应漂运、水运等形式，总体而言，材质相较其他的木材好，运输方便经济。

使用木材时，要按照如下步骤进行：第一，先将木材外部的表皮全部清理干净；第二，木匠师傅利用各种工具将预处理好的木材分解、锯开，接着按照实际情况的尺寸、大小细分木材，得到相应的加工部件。洞头海岛加工木材有火烤的传统，八大巧中的"木船用火烤"也是其中一个现象。由于木材资源较多，加工方便，一直在海岛居民建房中大量使用。在外部围护结构石头砌筑外，内部穿斗式木构架、门窗等都以杉木为主。中华民国时期，建筑考究的，除用整棵杉木木作栋梁、木板作内饰外，所用雕刻木材均通过海运至陆地[1]。

5.1.3 黄金泥、蛎灰

由于石头砌筑缝隙较大，一般用黄泥、砺灰和糯米浆掺和作浆砌筑，糊缝或砌石头墙，属于三合土，俗称"黄金泥"。丘陵山区和濒海岛屿地区的石质房屋堆砌的墙体空隙较大，保温效果较差，采用黄金泥进行填充，可增加建筑的保温性能[2]。

砺灰是地域性特色材料，因以蛤喇、牡蛎等壳为原料而得名。这些贝壳煅烧后，经过湿法细磨，充分水化，就成了砺灰。由于浙东南及洞头海岛缺少石灰石资源，无法采用煅烧制成石灰作为胶凝材料。但是浙东南沿海海岛处于浙江沿海低盐水系，是中国少有的适合贝类生活的海区，为生产砺灰提供了得天独厚的条件[3]。

砺灰具有良好的胶凝性能，能够将石头、砖、瓦非常牢固的粘结在一起，使石头连接紧密，防止砖瓦脱落。通常情况下，海岛民居建筑墙体较厚，分为内、外两层，将砺灰作为粘合剂放在中间，墙的厚度视情况而定，一般在0.5～1.0m，同时能够有效地防水防潮防风。

砺灰在海岛民居中大量用于装饰，如能够用于粉刷墙壁，使墙面平整、光洁。墙面灰塑上也能看到砺灰的大量身影，特别是墀头、滴水、屋脊细部。屋脊翘角采用竹龙骨支撑灰塑造型所以能类似燕尾脊一样飞扬高翘[4]，有很强的装饰性。

5.1.4 砖瓦

砖又称"青砖"（图5-1）。海岛所用青砖一般规格为240mm×120mm×40mm，主要用于墙体、窗棂，砌筑窗棂的青砖更薄。红砖很少见，仅用于点缀装饰，如岙内叶玉真宅、岭背陈森民居。

① 柯旭东. 洞头遗风调查初探［M］. 北京：中国文联出版社，2014.
② 方贤峰. 浙东传统民居建筑形态研究［D］. 杭州：浙江工业大学，2010.
③ 周伊利，宋德萱. 浙东南传统民居生态适应性研究［J］. 住宅科技，2011（03）：21-27.
④ 黄培量. 温州古民居［M］. 杭州：浙江古籍出版社，2014.

瓦，又称"小青瓦"（图 5-2），阴阳合瓦，颜色变化与砖类似。瓦的形式较为统一、规格较小，通常情况下，其长度约为 200mm，厚度为 8～10mm，其宽度有宽边和窄边之分，宽边为 200mm，窄边相比宽边少 40mm，一般为 160mm。瓦片的铺设形式统一，一般为"一仰一卧"、"一底一盖"的形式。另外很多样式各异的窗棂、窗拱、屋脊、门台造型等细部都能利用瓦砌筑而成，造型美观、气派。

图 5-1 青砖

资料来源：周伊利，宋德萱. 浙东南传统民居生态
适应性研究［J］. 住宅科技，2011（03）.

图 5-2 小青瓦

由于砖瓦具有规格统一、尺寸较小的特点，因此拆卸下来的好砖瓦可以再次使用。而破碎的砖瓦也可以作为三合土的骨料填充在地基中等，实现变废为宝，节约物资材料。海岛上多山，而泥土资源非常宝贵，烧制砖瓦需要消耗大量的人力物力，除了必须用到的屋面瓦片外。为了保护耕地，砖瓦出产量并不大，特别是砖的出产和使用量。砖瓦厂现存洞头本岛九厅村和后垄村两处。

5.2 建房程序

通过走访了解到，海岛建房程序主要和海岛习俗紧密相连，既反映出海洋特征，又带有宗教色彩。建房主要程序依次是择宅基地、奠基础、砌墙立栋柱、上梁、摆瓦铺地上楼板，最后进新屋，启用新灶，祭拜祈福，摆酒席。随着时代发展，这些与建房相关的海岛习俗已经发生了一些变化，但研究海岛传统民居建造必须了解这些习俗。

5.2.1 择宅基地

选址放样也称择宅基地。海岛居民重信仰、多习俗，择宅基地要结合周边地理环境等，用罗盘来测定房子建造的方位朝向以及择定开工吉日。海岛择地造房与大陆内地的差别较大，海岛日照充足，建筑朝向并不拘泥于朝南，而是以避风为首要，考虑所选位置是否位于"风口"、门前的道路方向、山间溪水的流动方向等①。其次，宅基地必须面对港湾和岙口，这样设置的主要目的是便于居民实时观察海上的风浪和船只动向。

5.2.2 动土和奠屋基

挖地基俗称动土，在选定的吉日进行。挖前需要进行祭拜活动，在场地边角进行，燃烛焚香，主要祈求建房顺利、居住安康、人丁兴旺。然后放鞭炮，开始挖土。首先从四角开始，之后打龙门架。倘若碰上雨天，也要在四个基角象征性挖几下，待雨后天晴再继续挖好②。

施工基础俗称奠屋基，地基挖好后不能马上奠屋基，还需要选日子、看时辰，主要是选择潮涨的时候。因为在潮水上涨时，意味着水涨船高，远方的鱼向人们不断地游过来，带来财富。基槽挖开之后，对于松软地基，还有打夯流程，俗称"抬踩"。通常先摆放片石垫层，基础一般采用毛石或条石基础，基槽打夯之后再以较大石块或条石叠堆而成，缝隙间填充黄泥和小石块。

5.2.3 砌墙立栋柱

奠基后，再另择吉日砌墙立栋柱。在基础完成后，先砌两边山墙，中间立木柱，然后搭建横向梁架，横梁一端与立柱之间以样卯连接，另一端嵌入山墙内侧的预留孔中，由石墙和立柱共同承重③。清代早期一般民居山墙也设木柱落地，民国时期则部分缩为短柱，中华人民共和国成立后，则出现直接硬山搁檩。合院式民居正房和两厢采用穿斗式木构架，正房通常为三五开间。所用木栋柱一般是杉木，不施雕刻，现场大木师傅加工制作，经常对木料进行火烤处理，以防潮防腐。立栋时要燃放鞭炮，同时竖立窗架和门框。

5.2.4 上梁

上梁，就是把大梁架上去垫实，即是搭设内部木构架最后步骤。上梁要择定吉日良辰举行，大木师傅把大梁架上并用斧头将其敲实扶正。假如竖向分层，则在横梁上平架木檩条，檩条上铺设木楼板。

在整个建房过程中，上梁仪式最为隆重。亲朋好友会前来赠送贺礼，例如被单、被面、毛毯等，要披挂在新屋上，烘托披红挂彩的热闹场面和气氛。大

① 张淑凝. 温岭古民居［M］. 杭州：西泠印社出版社，2015.
② 杨志林. 洞头海岛民俗［Z］. 温州：洞头县志办公室，1996.
③ 张帅. 石塘传统民居的材料使用及其成因初探［J］. 山西建筑，2010.

梁要用红布彩线扎在中间，更有讲究者，大多在红布上绘有八卦图案。良辰一到，上好梁，还要插上一对"金花"（用金箔彩纸剪制）、挂上一对灯笼、悬上一对红袋[①]。此外，上梁时要祭拜天地神祖、焚香点烛、燃放鞭炮，以保佑新房盖好后居家平安，人丁旺、财旺，万事如意。

5.2.5　摆瓦和铺楼板

摆瓦、铺地面、上楼板，是整个房屋施工的最后一步。屋顶采用小青瓦，海岛至今还有瓦窑遗存。地面一般用三合土铺石板，楼板则用木楼札杉木板制作。楼梯采用杉木制作，坡度较大，由于层高不高，一般为直跑。

在水平构件完成后，就是内部一些木隔断，门窗制作和安装。之后就是装饰工程，如局部雕刻、油漆和灰塑等。

5.3　结构体系

5.3.1　石木同构

海岛石头民居，不像闽南石头厝用纯石头构筑，而是绝大部分为石木结构，尤其是清代和中华民国的遗留民居，几乎都是石木结构。利用石头做外围护墙体，用木构架形成框架结构，为中国传统"墙倒屋不塌"的形式，抗震性能优良。石木同构通常为木柱包在内侧的做法，外墙看不到木柱，石头墙体来抵抗风雨。

其中也有山墙木柱不落地，直接利用石墙承重，如鹿西扎不断陈升松民居，为内框架体系。这样的结构体系使外墙牢固，抗风能力强；内部木构架空间灵活，内隔墙用木板相对自由，充分利用了两种材料的优点，具有施工便利、内部空间灵活好用等优点。

与闽南石头做楼板不同，海岛民居楼板采用较密的木楼札加杉木板形式，实际提高了房屋的抗震变形能力，增强了抵抗水平风力的能力。由于墙体较厚，屋面檩条端头埋在墙内未外露，开间合理，檩条跨度不大，所以取材方便。由于外围是石头墙，所以所有内部木构全部没有裸露在外，保证了使用年限。

5.3.2　石砖木同构

中华民国期间，随着经济水平不断提高以及与陆地交往的增加，砖的运用

---

① 杨志林. 洞头海岛民俗［Z］. 温州：洞头县志办公室，1996.

越来越多。清代民居还遗留墀头用木构的做法，只有个别案例正面二层用砖砌墙。民国时期则很多建筑门台全部改用砖作和灰塑，正面墙全部用砖砌，随着风格演变，拱券线条出现较多，个别出现青砖为主，红砖夹砌线条的造型，典型的如图 5-3 所示。

在内部框架上，二层、三层的内廊采用砖柱，内部采用木柱木楼板，改善了内部木构易受天井风雨侵蚀而引起耐久性问题，如洞头村叶永源民居（图 5-3）和岭背陈森宅（图 5-4）。在墙体和柱子上，用砖作越来越多，呈现砖石木同构的特征。

图 5-3　叶永源宅内部砖柱
资料来源：许友爱　摄

图 5-4　陈森民居内部砖柱
资料来源：许友爱　摄

从小朴村颜贻明宅来看，在西风东渐的背景下，西洋建筑的拱券和装饰开始流行，该宅是洞头少见的采用石木结构的西洋风格民居。由此可以看出，石头加工上的难度大，不如砖的方便。所以局部利用砖墙和石墙混合承重，是当时主流做法，特别是门亭和正面砖墙，侧面、后面用石墙，或者底层石墙、二层做砖墙。

砖石木同构与石木同构在本质上仍然是同一受力体系，即木框架体系，但是在建筑外墙装饰和减少墙体厚度增加户内使用空间，以及加大开窗等方面均有较大改进。

5.3.3　石头构筑

在独立式一条龙的民居中，使用全部石墙承重的模式较多，结构体系为砌体结构横向承重方案，一般为二层，楼板为木楼板或预制钢筋混凝土楼板。该结构在中华人民共和国成立之初较多见，特点是受力简单，刚度更大，抗风能力更强；缺点是空间不灵活。与闽南石头房的石头梁板不同[1]，洞头海岛的石头

---

① 郭子雄，黄群贤，柴振岭，刘阳. 石结构房屋抗震防灾关键技术研究与展望［J］. 工程抗震与加固改造，2009，31（06）.

构筑除了外墙少量的门窗过梁外，没有采用石头梁板，又因房子不高，石头墙体高宽比较小，所以整体抗震性能较好。

5.4 内部木作

5.4.1 内部木构架

海岛民居内部均为穿斗式木构架，通常木柱隔一落地，即不是所有檩条对应柱落地，根据建筑形制大部分明间采用"五柱九檩"或"五柱十一檩"，[①] 中国建筑历史研究所孙大章先生曾经将其暂时名之为插梁架。这种疏朗穿斗式木构架（图5-5），突破了木材规格限制，兼顾了穿斗式木构架和抬梁式木构架的优点，在浙江和福建一带比较常见。屋顶构架通常坡度平缓（高跨比一般不超过 1：2）。

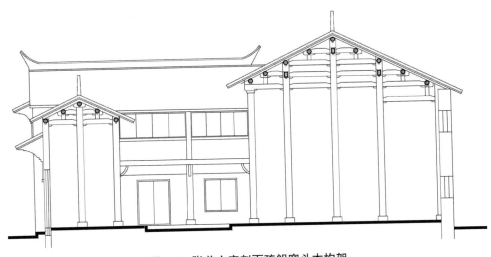

图 5-5　张美文宅剖面疏朗穿斗木构架

从调查来看，穿斗式木构架制作主要代表有东岙顶洪继勇民居（图5-6）和铁炉头郑光新民居（图5-7），主要特征是瓜柱缩为栌斗，采用插梁拉结，这种木构作法在海岛民居中具有普遍性。而岙内叶玉真民居（图5-8）木构架稍有变异，未设瓜柱或栌斗，直接搁置斜梁上，做法少见。东沙陈进民居（图5-9）木构架则瓜柱明显，这都属于典型个案。海岛由于风大，通常正屋边跨会加密木柱落地，全部木柱落地，或者"七柱九檩"或"七柱十一檩"等，以增加整体抗风能力。多种木构架形式说明海岛木构架属于多元化，有浙南内陆或闽南等多地域做法特征。

---

① 孔磊. 瓯越乡土建筑大木作技术初探［D］. 上海：上海交通大学，2008.

图 5-6　东岙顶洪继勇正屋梁架
资料来源：许友爱 摄

图 5-7　铁炉头郑光新正屋梁架
资料来源：许友爱 摄

图 5-8　岙内叶玉真正屋梁架
资料来源：许友爱 摄

图 5-9　东沙陈进正屋梁架
资料来源：许友爱 摄

　　对于抗风构造，石头民居无论三合院还是四合院，其平面外部正方。中国传统穿斗式构架没有发展形成斜向支撑体系以抵御强台风，但洞头民居的解决方案十分高明。以四合院为例，在正屋布置横向两道木构架，再厢房布置两道纵向木构架，形成内部纵横交错的格局，大大提高了抗风能力。[①] 在浙南陆地民居（图 5-10）中也有类似做法，一般在稍间正面立一榀穿斗式木构架，与房屋主体木构架形成 90° 支撑关系，增加刚度，而海岛民居则在此基础上进一步完善。

① 应丹华. 浙江南部山区传统民居适宜性节能技术提炼与优化［D］. 杭州：浙江大学，2013.

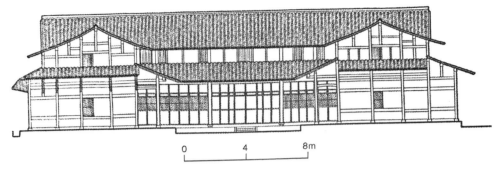

图 5-10　浙南陆地楠溪江林坑村毛步松住宅西立面
资料来源：楼庆西、陈志华、罗德胤、李秋香. 浙江民居［M］. 北京：清华大学出版社，2010：37.

5.4.2　楼板、望板

如图 5-11 和图 5-12 所示，二层、三层民居的楼板与闽南的不同，基本都是木楼板，采用密肋楼盖方式，单向支撑，个别楼板还有望板封闭。由于层高较低，清代民居一般门屋和正屋明间不设楼板，两层连通，如苔岙张美文宅；而中华民国民居则因人口增加，为了扩大居住空间，通常在增加层高的基础上，再在正屋明间铺设楼板，如洞头村叶永源宅。由于海岛台风雨水多、雨量大，民居屋面瓦下通常会设置木望板，而且要在朝上的木望板上刷桐油，起到防水作用。

图 5-11　东岙顶陈银珍木楼板
资料来源：许友爱 摄

图 5-12　后寮郭秀本木望板
资料来源：许友爱 摄

5.4.3　木撑拱

如图 5-13～图 5-15 所示，合院民居的内墙面一般用木板材拼接，面向天井开窗，廊柱顶端设单挑斜撑拱承托屋顶挑檐，以获得二层较大空间，可以制作回廊或美人靠等①。这种斜撑拱做法属于浙南以及闽北民居常见做法，上持

---

① 刘磊，张亚祥. 温州民居木作初探［J］. 古建园林技术，1999（04）：48-53.

斗口，下为流水卷草纹，撑拱按部位分有转角撑拱和平间出挑撑拱。转角撑拱做法有：转角双撑拱、转角垂柱单撑拱、转角单撑拱。室内一般用木板分隔。相对来说，海岛民居撑拱用杉木为主，工艺简单，只有表面浅雕，不似闽南或浙南陆地透雕等复杂雕刻工艺。临街渔商建筑也有这种做法，一般是下店上居的二层至三层全木建筑，且层层出挑争取建筑面积，当地人谓"占天不占地"[1]。

图 5-13　后寮蔡柔力民居　　　图 5-14　林友努民居　　　图 5-15　林明镜民居
　　　双撑拱　　　　　　　　　转角垂柱撑拱　　　　　　转角撑拱
资料来源：许友爱 摄　　　　资料来源：许友爱 摄　　　　资料来源：许友爱 摄

5.4.4　檐廊做法

檐廊通常有两种做法：富裕人家讲究，通常采用船篷轩的做法（图 5-16），兼形成吊顶；一般人家则以鹤颈轩做法为主（图 5-17），比较简单。月梁截面高宽比为 1：2 左右，比较符合受力特点。

图 5-16　郑光新前廊船篷轩　　　　　图 5-17　洪继勇前廊鹤颈轩
　　资料来源：许友爱 摄　　　　　　　　资料来源：许友爱 摄

---

① 戴叶子. 温州近代城市与建筑形态演变初探. 第十二届中国民居学术研讨会议暨温州民居研讨会论文集［Z］. 2001：160-165.

5.5 墙体构造

5.5.1 砌筑施工

石头砌墙有浆砌和干砌。一般乱石以浆砌为主，形成"虎皮墙"。块石以干砌较多，称为"九十墙"。通常砌筑为四边同时砌筑，以避免夜间风大刮倒墙体。

浆砌砌墙所用的灰浆先由黄泥筛选去组砂，然后在其中添加捣碎的麦秆或麻秆，将其搅拌均匀，目的在于增强粘合性。施工时，为增加墙体的稳定性，需要将墙基挖得较深，由边角入手开始砌墙，墙体厚度层递减趋势，下层最厚，上层最窄。墙壁缝隙间填充黄泥和小石块，富裕人家还用白水泥粉刷加固防水。浆砌通常为内侧外侧两排共同砌筑，属于垒石堆砌，内部填充黄泥小碎石等，墙体较厚。通常应用于民居外墙，能实现一定的防水性能。

干砌对石材平整度要求较高，需要经过一定的加工处理，即人工将石头冰裂或爆破，然后石匠们再使用铁锤铁凿将不规则、无固定形态的石块处理成所需的模样，最后将加工好的石材运送到使用地砌墙干砌比较讲究尺寸平整和垂直度，通常先立木料拉线，属于摆石砌筑。干砌之后内部填缝或粉刷砺灰，外部较少塞缝。通常应用于次要部位，如院墙等。

遇门窗洞口一般直接条石过梁，没有用拱券，所以一般门窗尺寸受限制。

乱石浆砌一般内外两排石头，中间填以黄泥沙，墙体较厚，收分较大；块石干砌则墙体平直，收分很少，几乎可以忽略。

对于考究的民居，在石头墙砌筑完毕后，还用砺灰填缝和擦缝，构成粗犷的纹理。

5.5.2 砌法样式（表5-1）

洞头石头民居的外墙多以青石或花岗岩砌筑，砌筑方式多种多样，以乱石砌的"虎皮墙"、平砌"九十墙"为代表，以及用两种结合的"混合墙"等方式。

早期，岛屿地区的建筑墙体通常采用成形的小石块加黄泥垒筑。随着小石块的大量使用，小石块数量越来越少，于是人们将目光转向大个石材，便逐步开采坚硬的石块。墙体采用垒筑的砌筑方式，一般将三合土灌入石块间的缝隙中，横向以石板搭接，增加墙体整体稳定性。同时，建筑物外墙的选材用料及砌筑方式还与经济条件有直接关系。经济条件越好的家庭，其建筑物外墙选材越好。经济一般的家庭、小康家庭、大户家庭分别会选用乱石、黄石和青石勾缝。

虎皮墙的垒筑大量使用了自然界中的各种各样的废石、乱石等，这是由于取材方便，会在其上形成内外两层表皮。两皮各自向后倾，使两者之间相互压紧，依靠自身形成稳定的态势，不再使用增加强度的砂浆等填充料。墙体下部最厚，上部最薄，中间部分缓慢的收分。边界形态较吻合的块材可直接对接，然后将小石块用于填补在大石块间的空隙，砺灰勾缝，墙体厚度一般有500～1000mm。形成自然生动的肌理，席纹状组合相互咬合传力至基础。排列砌筑垒堆石材时候可谓匠心独运，看似自由的表象之下蕴含着理性思想。

九十墙采用人工开采的石头，块石方方正正，墙体厚度一般只有400～600mm。块石有平砌，也有斜砌，斜砌为人字纹，寓意人丁兴旺。为了增加抗风能力，通常会在建筑转角、丁字接头等处设置抗风柱垛，以提高墙体稳定性。

混合墙由乱石和块石组合砌筑，一般在转角处、柱子处或丁字墙交接处都用块石砌筑，其余部分用乱石砌筑，符合力学原理，也是能适当减少墙体厚度。也有正面有块石砌筑九十墙，侧面有乱石虎皮墙，或者下层九十墙、上层虎皮墙的。总体来看，形制自由，砌筑工艺性较好，但基本无雕刻。

石墙砌法 表 5-1

类型	虎皮墙		九十墙		混合墙
主要砌法	干砌	浆砌勾缝	顺丁砌	人字砌	浆砌
图片					
应用位置	外墙	院墙、外墙	外墙、内墙	外墙、内墙	外墙
砌筑特点	墙体较厚	墙体较厚	墙体较薄平直	墙体较薄平直	墙体较薄多见于转角
时代特征	清代、中华民国时期、中华人民共和国成立之初均有	清代、中华民国时期后来只用于院墙	中华民国时期、中华人民共和国成立之初	中华民国时期、中华人民共和国成立之初	中华民国时期、中华人民共和国成立之初

5.5.3 砖石同砌

中华民国后期及之后，砖的运用越来越多，呈现砖石同砌的特征，主要以青砖为主。这种做法通常是发挥两种材料的优缺点。例如，砖比较细腻规整，善于表现，用于艺术表现的墙体、墀头、砖柱、窗拱等，石头则仍以主体墙体为主。还有一层砌石头墙，二层砌筑砖墙的做法。或者如洞头村叶永源宅（图5-18）正面砌砖墙，其余面砌筑石头墙。岙内叶玉真宅（图5-19）也是如此，还掺加了局部红砖线条。

图 5-18　叶永源民居砖石同构

图 5-19　闽南墙出砖入石

海岛民居的砖石同砌，不同于闽南的出砖入石[①]，有自己的特点，充分表现了洞头海岛居民灵活运用、发挥材料所长的特点。

5.6　屋面构造

5.6.1　湿铺屋瓦

洞头海岛特殊的台风气候环境，使得屋瓦防止被台风掀走至关重要。不同于内陆也不同于平潭岛，洞头海岛屋瓦采用冷摊和湿铺结合的办法，而且多层铺设[②]。瓦的铺设密度和层数比内陆多很多，例如，一般温州陆地可以采用冷摊小青瓦三搭一，即铺设搭接长度为瓦片 1/3，一般铺设一皮半。而洞头基本都是则湿铺三搭二或二搭一，铺设层数基本在两皮半，来增加屋面的重量和整体性。

屋面缓坡，少出檐、不出檐、以女儿墙压檐或密封檐口。从抗风的角度讲，屋顶与建筑主体的交接处是受力的薄弱点，这些地方都要用小片石或青砖砺灰填塞固定。

5.6.2　防风构造

1. 屋瓦压石（图 5-20）

海岛民间有"墙体披虎皮，瓦片压石头"之说，是指民居建筑的屋顶其所盖阴阳小青瓦上，大都是小块石压瓦，以防大风吹刮瓦片而导致房子被毁坏。

①　曹春平. 闽南传统建筑［M］. 厦门：厦门大学出版社，2016.
②　陈剑，陈志宏. 平潭传统民居类型调查［J］. 福建建筑，2011（06）：16-20.

2. 蛎灰压带（图5-21）

洞头民居屋面还有独特的"绷带"，是用砺灰在民居屋面上纵横铺设压带。一般沿着墙体位置铺设压带。白色的砺灰压带和青黑色的屋瓦形成强烈对比。

图 5-20　屋瓦压石

图 5-21　砺灰压带

5.6.3　屋脊构造

屋脊是前后坡屋面顺瓦交合之处。由于其位置较为特殊，所以这里也是整个建筑中的最为薄弱的环节。屋脊大致可分为两类，即平屋脊和高屋脊，两者都能靠自身的重力，表现出良好的抗风性。屋脊靠筒瓦盖住两片屋面交接处，而且还用砺灰来填充缝隙，能够起到遮阳、挡风和挡雨等多重作用。

屋脊是房屋的前后坡，隔断也是房屋结构的薄弱环节。由于屋脊通过构造加强后都很重，能承受一定程度的台风。因此，重型屋顶在房屋的防风结构中起着关键作用。

第
6
章

民居地域特征

传统建筑形态地域差异一般可分解为空间形态、构筑形态和视觉形态，三者相互依存、相互影响[1]。这也是建筑类型学的三个基本内容，即形式、逻辑和情感。本书尝试用地域地理气候适应、民俗文化影响、建构技术特征三方面来研究海岛民居地域特征。

6.1 避风、藏风技术

6.1.1 自然气候环境与建筑

人们对场地环境是适应和利用。早期移民的民居由于对潮汐的规律不熟悉，选址在较高处。但随着对潮汐的掌握，则慢慢向海边形成聚落，以便于渔业生产，这是对自然由适应到利用。在海岛恶劣的气候条件下，海岛居民为了顺应地势以营造良好室外微气候，普遍采用"负阴抱阳"的格局，多选择一处避风、向阳又靠近水源的场所来建造民居。

人们的行为模式和生活习惯对气候和环境的需求直接影响了海岛民居建筑形态，从而形成了开放或封闭的不同建筑空间形态。海岛民居外部应对台风肆虐等恶劣自然条件，呈现出简朴、封闭的石头房特征；海岛居民内部则有厅井空间，对内半开放，营造局部适宜的小环境。

海岛最大的自然灾害是台风。避风、藏风是首要的自然适应法则，海岛民居从选址、聚落、建构三个方面均有自己的明显地域特征。因为提倡顺应自然、合理利用自然，又要便于民众们生活、出海捕鱼等娱乐和经济活动，所以大多数建筑大都建造在渔岙之内。

6.1.2 选址避风

从洞头海岛民居村落分布来看，由于每年台风季节主导风向是东风及东南风。所以很少见在海岛东侧建设村落的，如有，也是建在避风渔港内侧。大部

---

[1] 李浈. 中国传统民居建筑的绿色经验和特征. 第九届海峡两岸传统民居学术研讨会论文集［C］. 福州：福州大学建筑学院. 2011：341-347.

分村落通常都选择在海岛西、南、北、中部来布置。

海岛传统民居的整体布局多采取坐实向虚、顺应地形的策略，如选择能避风的山坳开阔处[1]。鉴于海岛多山、多台风等，其采用的是背坡向水、依山顺水的模式，房屋的朝向是山脉、河流等，不同于内陆平原地带。

当民居面临大海时，台风对其影响会很大。而当民居建造在背风面时，山体会承受台风的大部分力度，以消减作用在村落上的风力，起到很好的保护作用，同时，利用地形的水陆风和山谷风来加速聚落的空气流动也会形成建筑环境微气候。

6.1.3　聚落通风

聚落布局中的风向、地形、聚落配置（水体、植物）等各种因素对民居建筑的通风效果起到了很大的影响。其中，民居聚落布局对建筑室内的通风有决定性的作用[2]。夏季闷湿热、冬季阴湿冷和台风破坏是传统民居需适应的区域气候主要特征。

海岛民居聚落濒临海洋，海洋的水域面积远比平原地区池塘、河流要大，水的比热容较大，因而其蓄热能力也更强。白天在太阳照射下，陆地升温较快，海水升温较慢，使得陆地上方的大气压力较高，海面上方的大气压力较低，两者压力差的作用决定了风的流动方向，即从陆地吹向海洋。晚上由于日落，陆地温度骤降，海水温度保持较高，使得风从气压相对高些的海洋吹向陆地。民居布局正是利用了风向的这一规律性变化，而大大改善了其通风效果。

6.1.4　建构抗风

民居建筑体型的合理性体现为减少迎风面积，增加平面刚度等。洞头海岛民居一般为四方形平面，但也有造型独特的。例如，北岙甘良开宅于清光绪年间建成。此宅门屋比正屋宽，整体呈"凸"字形，这种建构主要是为了抗御台风[3]。海岛民居内部木构架的组合形式，采用横向纵向组合拼接，形成小天井，整体抗侧移能力加强，也是抗风建构重要措施。

在台风登陆和经过的地方民居都会受到不同程度的损伤，有的墙面破裂，甚至坍塌。尽量压低和控制层高，坚固厚重的石头外墙、小窗小洞口，是保证建构抗风的重要民居围护措施。

---

① 周伊利，宋德萱. 浙东南传统民居生态适应性研究［J］. 住宅科技，2011（03）：21-27.
② 方贤峰. 浙东传统民居建筑形态研究［D］. 杭州：浙江工业大学，2010.
③ 柯旭东. 洞头遗风调查初探［M］. 北京：中国文联出版社，2014.

台风来时，屋脊上的砖瓦被吹飞，还会打破木门窗，而损坏屋内的物品、伤及人员等。所以民居屋面的重型加强，屋顶的坡度及构造，是非常有地域特点的抗风建构。双层门窗构造，简化的装饰构造，不烦琐，这些都是构造上的重要特征。

6.2 生态技术策略

6.2.1 生态适应

海岛民居生态建筑经验是和建筑形态结合在一起的，其建构技术不仅是构造与结构的技术，而且是空间与形式的技术，更是体现在具体的建筑形态中的。如为适应气候，在浙南陆地的民居表现为深远出檐、坡檐较多，遮阳防雨。而海岛民居则采用完全不同的策略，如屋面不出檐、外窗封闭而小巧、窗楣遮阳，以适应多雨、潮湿、炎热的气候。洞头海岛虽然和浙南陆地纬度相同，但由于海岛气候环境的独特性，使其形成了截然不同的建筑技术适应性变化。

海岛民居的形成和发展有其必然性，是不断适应当地地形、当地自然环境的产物。因此，深入研究海岛民居的平面体型、围护结构、地域策略等，对研究民居建筑形态的生态策略，对于当代建筑而言仍具有现实意义。

6.2.2 平面体型

符合生态逻辑是指在建筑设计过程中，要充分考虑地域的地形、气候条件，充分发掘材料的生态特性，因地制宜地塑造与自然友善、具有生态意义的建筑形式[①]。

由于强台风和湿热气候等环境因素逐渐形成了海岛民居形体简单的地域性特征，所以建筑多为两层且层高偏低，门窗也设置较小以达到冬暖夏凉的效果。平面形态的四合院、三合院、一条龙等建筑，均将层高压低。通常一层高度为 2.7m，二层檐口为 2m。从建筑体型系数来看，这些构造都是较合理的。

6.2.3 围护结构

墙体采用花岗岩建造，较厚。由于采用石材，可以保持室内良好的热稳定性。建筑内空间越高，热压通风效果越明显，屋内外产生的气压差也较大，

---

① 刘杰民. 石材的建造诗学［D］. 济南：山东建筑大学，2011.

会加速通风的速率，如洞头村叶永源宅就是利用正屋歇山屋顶山尖开孔通风散热。

海岛民居建筑外墙较厚，其热阻与热惰性较高，通常情况下高于屋顶。建筑的外墙面由于会直接接受阳光的直接照射，其外表温度受阳光的影响较明显。而海岛民居石头外墙较厚，其内部填充隔热性能优良的黄金泥，使得墙的导热性能、隔热性能均很优良，能够保存墙内的温度。

6.2.4 通风、遮阳、抗旱

1. 通风

大部分村落地域山呑溪水或水塘利用海岛风大的特征，形成天然的水冷系统。空气从外部环境进入建筑内部要经过一系列的建筑过渡空间，这里包含了门窗洞口的挤压和天井。天井影响民居的小气候，在民居外部的风速级别较大时，由于天井的结构、形状，会在其上方形成风压通风口，在民居外部的风速级别较小时，也能利用热压保持稳定的通风量。

在常规情况下，大多数传统民居利用双层门窗调节通风，改善室内空气质量。夏季时，早、中、晚的室外气温不同。早晨和晚上，室外的气温相对低一些，打开内层门窗，穿堂风就会在外侧镂空门和竖棂窗格处形成，带走室内的热量，改善室内的空气质量。而在午后，一般室外的气温升高，关闭内层门窗能较好地减少高温气体的进入，很好地隔绝内外空气流通。

2. 遮阳

海岛地区相对日照条件较好，夏季遮阳也是非常重要，虽然建筑造型上并没有较为突出的挑檐，但是却有自身地域特征的措施。主要表现在窗墙比小，窗户较小，墙厚窗户深，利用砖瓦窗棂做遮阳，在遮阳通风的同时也丰富了建筑立面。

3. 抗旱

因洞头地域淡水资源缺乏，内天井空间也是渔民抗旱措施。利用屋面向内汇水，内天井回廊和正厅檐廊的增加都是加大汇水面积，家家户户均有陶土水缸，储存淡水。海岛很多民居天井中有水井，在选址的时候就是围绕水井而建（图6-1、图6-2），如东呑顶洪求忠民居、后寮蔡柔力民居、洞头叶永源民居。还有部分民居的水井在屋旁、东呑陈后党民居、东沙陈进宅。这些说明建筑选址和淡水资源紧密相关。

图 6-1　东岙顶洪求忠民居的水井
资料来源：许友爱 摄

图 6-2　后寮蔡柔力民居的水井
资料来源：许友爱 摄

6.3　居住习俗文化

6.3.1　居住习俗

1. 选址

选址要充分利用资源。海岛落户主要考虑的问题是淡水资源、耕地资源、滩涂资源、海岸线资源、交通资源。淡水资源是海岛生存的必要条件，无论渔港聚居、山岙聚居，均有溪流水源可以利用。而台地聚居，则通常会在山地建设水塘和水库。海岛村落水井多是特点，从洞头岛来现存古井来看，北岙街道漱泉井（光绪四年立）、东屏街道惠民井（中华民国十九年立），都是洞头海岛聚落兴旺的重要原因。[①]

耕地资源、滩涂资源，则是农业种植的主要依托。耕地除了种植水稻之外，种植蔬菜瓜果也较多，后期随着人口增加则大量种植地瓜。在洞头滩涂种植羊栖菜、紫菜历史悠久，质量上乘，还可利用滩涂挖掘贝类小海鲜等。所有村落选址，除在靠海低海拔处，一般都是靠近滩涂资源或海岸渔港。而在山上台地形成的村落，必然附近有耕地和水塘。

2. 建筑环境

建筑环境与生产紧密结合。早期渔寮和草屋，通常会在旁边设置炊虾灶。从合院式的天井制与一条龙的坦房制可以看出，海岛村居最大特点就是建筑环境与渔业生产紧密结合。海岛民居的整体内部结构由坦、棚、井、屋等组成，其主要功能都与生产紧密结合。"坦"为民居前边的空地，俗称"道坦"，主要用来补网、晒鱼鲞、腌水产品等。通常在房屋周边会建设附属的单层简易棚

---

① 洞头文保所和上海经纬建筑规划设计研究院，编制的《洞头县文物古迹保护专项规划》。

屋，主要是存放渔网、鱼箩、盐桶和船橹等渔具。至于茅厕、鸡笼、鸭笼，一般设在房屋后侧的下侧角。由于房屋没有阳台，在土地空间紧张的时候，这种晾晒鱼干做法就显得十分巧妙（如图6-3、图6-4）。

图6-3 窗户挑架晾晒
资料来源：许友爱 摄

图6-4 利用天井晾晒
资料来源：叶英群 摄

3. 内部空间

内部空间与文化紧密结合。以清末民初的瓦房平屋为例，在山地建造的民居一般是坐北朝南的三间。其中，明间为客堂，两边为厢房。东厢房前半间为厨房，后半间为杂用间。中间用木板相隔并有内门相通。杂用间是堆放鱼鲞渔具和粮米所在。中间的客堂有时也一隔为二，前半间为待客、家宴和祀神的堂屋，后半间则为孩子卧室。海岛民居中，唯有西厢房即主人的卧室一般为一个通间，因要安置体积较大的七弯凉床、开门箱等众多家具，故不再分割。而合院式民居，门前有照壁，大厅有门罩，所谓入门为庭阶为堂。瓦房平屋，南墙开窗，窗户较小，称之为"明厅暗房"[①]。

4. 防御功能

洞头海岛历史上受海盗侵袭、骚扰较多，所以石头民居的防御功能尤为重要，主要防御措施体现在外墙、屋顶、门窗、村落等方面。

（1）外墙防御：石头外墙代替土坯和泥垒墙，墙体厚度较大，一般冷兵器无法攻破。建筑外形方正，合院建筑类似闽南围屋土楼，外墙防御功能较好。

（2）屋面防御：屋顶采用多层厚瓦或湿铺瓦作，一般弓箭无法破坏。

（3）门窗防御：通常每个民居正面只有一个门，呈现一夫当关万夫莫开的特点，侧面或后面留有小门。门为双层，外层为外开，而且有门槛挡石构造，

---

① 金涛. 浙江海岛民居习俗与建房礼仪［D］. 舟山：浙江海洋学院学报，2004.

外门无法推入内。外门镂空，内门封闭板门，打开内门可以向外攻击，关闭内门则有良好防御。门窗也是类似，窗棂固定在外，木窗在内。所有门窗洞口均较小，具有封闭安全的特点。

（4）村落防御：虽然闽南大厝建筑形态少见，单幢建筑却组合成一个群落。为抵御自然灾难和海盗骚扰，各幢民居通常紧邻布局，以利于共同应对，渔民有团结协作的精神传统。

6.3.2 闽南文化

清代时，洞头人口由闽南迁入者十之八九，语言及生活习俗跟闽南文化基本一致。妈祖也是洞头地区传统民间的重要信仰。位于东沙村的妈祖宫（图6-5）始建于清乾隆年间，最初是为祈求其能够保佑航海人员的安全而建，是目前规模宏大、保存完整的妈祖庙之一。东岙村陈府庙（图6-6）是纪念"开漳圣王"陈元光而建。另外还有小朴村村口的白马庙，以及现存的非物质文化遗产"马灯舞"。这些宗教信仰和民俗场所，都是构成村落格局的重要因素。

图 6-5　东沙妈祖宫
资料来源：曹凌云 摄

图 6-6　东岙陈府庙
资料来源：曹凌云 摄

从历史演变来看，海岛民居在建筑形制上受闽南大厝影响较大，特别是合院建筑与闽南泉州官式大厝"三间张""五间张"（图6-7）平面格局非常接近，后期如中华民国和中华人民共和国成立之初，受经济条件、人口增加和与浙江陆地的交流更加密切的影响，独立式一条龙平面逐步增多。

如表6-1总结所示，在洞头遗留的清代民居中，在建筑形态上参照闽南人建房采用的石头厝、燕尾脊等做法痕迹特别明显，如屋脊高高翘起很像燕尾脊的做法。在内部木构栏杆和雕刻上也有闽南文化影子，特别是鱼形滴水做法类型闽南。东岙顶陈后勤民居，门房墀头用灰塑造型，闽南风格明显。

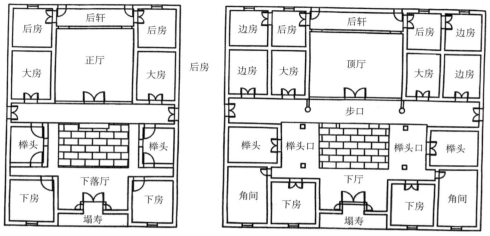

图6-7 闽南传统大厝"三间张"和"五间张"平面
资料来源：曹春平. 闽南传统建筑［M］.

建筑形态对比 　　　　　　　　　　　　　　　　　　　　表 6-1

类型	平面	屋顶	立面	窗棂	细部
闽南文化	三间张，五间张，形制较大	燕尾脊，出檐，红瓦	墙面装饰较多，灰塑、雕刻精美，色彩红砖	灰、砖、石、木、琉璃窗棂采用直棂、雕刻、图案等	堁头灰塑精美，木雕、石雕较多，剪瓷、油漆
洞头做法	四合院，三合院，规模较小	清代屋脊飞扬，出檐，民国屋脊收敛，不出檐，青瓦	墙面简洁，清代有门台窗户披檐堁头，民国为西洋风格	灰、砖、瓦窗棂，无雕刻，图案简单，如花砖窗、条枳窗	堁头灰塑做法相近，木雕简约，石雕很少，其余无
比较结论	除了规模较小，平面基本类似	清代两地做法比较相近，民国及后则走向地域适应	清代受闽南影响，后期则无	受闽南影响较多，但更加简洁	受闽南影响较少，更加务实

6.3.3　渔商文化

洞头因为地理环境特殊，位处瓯江口，是浙江省仅次于舟山渔场的第二渔场。清乾隆年间，随着渔业生产的发展，温州沿海的海产品经济贸易也逐渐兴起，来自福建、广东、浙东、浙北的渔船相继到此生产与交易。中华民国时期，海产品经济贸易更是走向日本和南洋。所以洞头的民居具备商住混合的建筑功能及特点，亦商亦居。

这些建筑大都在海岸与船埠附近，便于渔业生产与交易。其中较典型的建筑位于现东屏镇的东岙村、洞头村，北岙镇的东沙村、三盘大岙村，大门镇的寨楼村等。如东岙村现存的姚宅，之前是贩盐之所，靠近东岙村西面渔船埠头，便于海盐的转运与出售。姚宅附近靠海边的普渡埕大士庙，是洞头过去渔港及各地渔民集结活动的场所。在处理商业与居住的矛盾的问题上，中华民国时期，普遍采用的是上居下住的做法（图6-8、图6-9），即底层作为商业用房，采用活动板门，上层为居住。因为人口增加导致土地紧张，以及大部分的商业用房都是由沿街民宅转变而来，所以不可能采取诸如前店后居的模式。其次，将居住和商业合二为一，非常适合温州自古就有的小个体、小私营的经商模式，不需要雇用过多的人手从事营销、管理、仓储等环节，节省了开支。此外，这样也有利于商品的保管和周转。[①]

图6-8　岭背洪求阳民居

资料来源：许友爱 摄

图6-9　城中彭进毕民居

资料来源：许友爱 摄

亦商亦居的典型建筑有三盘海蜇行民居建筑群。三盘海蜇行原共13座，40多间，大都一楼为商，二楼为居，如协兴行，门前行、南提楼。渔商文化对建筑形态的影响见表6-2。

渔商文化对建筑形态的影响　　　　　　　　　　表6-2

类型	聚落形态	建筑规模	装饰风格	建筑功能
原始状态	村落为主	小，一二层	闽南风格	居住
渔商影响	商业街	大，二三层	西洋风格	亦商亦居

洞头渔商文化能够带来可观的经济收益，主要体现在洞头民居建筑富裕性的特点上。小朴村颜贻旦宅由其父亲颜佑建于1942年，其主要以经商为生，拥有一艘30吨位的商船。中华民国时期小朴村行商专业船已发展到8艘，最大吨位达60吨以上，最小也有15吨，亦渔亦商船7艘，计15艘之多，基本形成一个行商基地，其收入高于渔民、农民的几倍之多。故在中华民国时期，大量民宅得以改建和新建。东岙林奇民居建于1945年，是其祖父开渔行盈利后所建，林明然民居也是如此。

---

① 戴叶子. 温州近代城市与建筑形态演变初探. 第十二届中国民居学术研讨会议暨温州民居研讨会论文集［Z］. 2001：160-165.

6.4　适宜建构策略

6.4.1　材料特征

1. 地域材料

海岛生产花岗岩，以石建房便成首选。又因多植被森林，伐木为材做建筑内部构造，因耕地较少，制砖不多，土壤烧制为青瓦以及利用贝壳做砺灰等都是地域建筑材料。人们首先按照就地取材原则，大量使用石头、木头、砺灰等天然建筑材料，并最大限度地发挥当地材料的物质性，只作简单加工，就可作为建筑材料。

2. 多种材料组合使用

海岛石头民居，属于典型的多种材料组合使用，体现了海岛居民建筑材料使用的灵活性。例如，清代的石头民居，实际为石木结构，窗棂用砖瓦；中华民国时期则为砖石木结构，用灰塑较多。这与闽南惠安石头房屋有较大差别，与闽南红砖红瓦大厝也有差异，存在自身地域性特征。这种灵活性主要是充分利用和考虑了海岛各种资源的优缺点，构建了环境和建构适宜的民居。

3. 节材

由于当地的土地资源比较紧张，所以传统民居最大限度地利用山形和地势，减少营造中所产生的土石方量。所建建筑形制上均较小，低矮，平面周长合理，体现了节用材料的思想。在翻新或重建民居时，对建筑材料进行回收及重复使用，例如，即使是破损的砖瓦也要敲碎，作为三合土用于地基材质中。

6.4.2　建构简便

1. 控制形体

海岛地区不宜构建复杂形式的民居，而是以简单的矩形、L 形为主要平面形态。海岛地区地形地貌、经济发展和落户家族规模限制，缺少建造大型建筑的实力，民居规模普遍较小，多是以户为单位建造[①]。

2. 施工简便

海岛民居施工追求简便，造型和风貌不追求烦琐装饰，舍弃华而不实的石雕，出现与闽南完全不同的建筑审美意识，这是受浙江传统文化的影响。

3. 构造合理

海岛石头民居所有构造，如屋顶、檐口、门窗、天井等都是符合地域气候和环境特征的，在施工上考虑了材料的易得性和制作的简便性，从而实现了构

---

① 方贤峰. 浙东传统民居建筑形态研究 [D]. 杭州：浙江工业大学，2010.

造内在的合理性。

低技术构建其实就是构造和材料的高度协调，这一点在海岛民居中能够充分地体现，合理使用不同建筑材料的特性，并将其优势互补、组合使用，这正是海岛民居对建筑材料使用的智慧。

6.4.3　匠作技艺特征

海岛民居的发展过程就是其建筑经验形成和完善的过程。在匠作技艺传承方面，工匠发挥的作用是非常大的。所以，研究海岛民居的建构技术特征，必须剖析其匠作技艺特征。总体来说，海岛民居匠作是浙闽交融，具有开放灵活多元、简便实用的特征。

1. 石作

从海岛调查来看，石头雕刻除了柱础、牛腿之外，其他地方几乎没有雕刻，这与闽南地区石匠技艺发达、雕刻繁杂有着明显区别。石墙砌筑与闽南现存也有较大差异。例如，洞头海岛墙体较厚、收分较大，各种砌筑方式并存，显得粗犷实用。而闽南石墙则厚度较薄，用料规整，工艺较好。从石材的使用部位来看，洞头海岛民居基本仅用于外墙，而闽南石头民居用于楼板。外墙石头的砌筑花式，如一顺一丁、人字纹等，都是闽南的传统做法，但出砖入石做法未见。从这些比较来看，洞头海岛民居石作技艺偏向实用灵活，受闽南石作影响较小。

2. 木作

海岛民居大木作均为穿斗式木构架，所用形制以及撑拱、檐廊等作法与浙南陆地基本保持一致。由于海岛大木料不多，大木作用材很多从浙南陆地经水路至海岛，相应木匠师傅也跟随而来。栏杆花格及雕刻纹样等细木作体现出闽南文化特征。

3. 砖作

清代砖作较少，仅用于窗棂等，但是花式简约；民国时期出现个别青砖夹砌红砖的清水砖墙以及砖柱，墙体基本为空斗，技艺有较多进步。

4. 泥瓦作

海岛居民普遍采用小青瓦，除了瓦当滴水稍有装饰纹之外，其余均简单朴素。只有用在窗棂时有花样构筑，总体来说比较简单实用。海岛灰塑有较高成就，特别体现在门台、檐口、窗檐等方面，反映闽南文化和技艺的重点。

第7章

村落民居案例

7.1 海岛村落案例

7.1.1 花岗村 （图 7-1、图 7-2 ）

花岗村，位于花岗岛，面向状元岙渔港。相传由几百年前闽南渔民到此，山岗遍布杜鹃花，便取名花岗，延续至今。由于耕地很少，村民主要从事渔业，近些年逐步向第三产业转型。村落选址属于典型渔港聚居。

由于建设较集中，从村落整体风貌看，村落平面肌理由方形、长方形的简单几何形状组合而成，与建筑外墙石头砌筑的虎皮墙一脉相传。整村建筑布局紧凑，依山就势，形成秩序统一感和整体感。因其公路视角较好，所以成为著名的摄影基地。每户民居门口均有小道坦，用于修补渔网、种植蔬菜。每家道坦，均由一小段石阶路连接，通过石阶可以从这户民居道坦，穿过另一户道坦，并连通起的全村上下、左右、前后的各家各户。村落道路狭窄，道坦宽广，纵横相连，空间一直在做收窄—放宽的变化，有很强的体验感。村内所有的小路，都可以通向村口。站在村中最高处，渔村的风景尽收眼底，远处便是渔港和归船。村落中流淌有清溪，解决了饮用水源问题。

该村落以一条龙独立式民居为主，合院式民居较少，大部分建于 20 世纪 50～60 年代，是该时期的民居代表。整村保存较好，有 100 多幢石头民居。

图 7-1　花岗村整体鸟瞰

图 7-2　花岗村整体透视

7.1.2　小朴村（图7-3、图7-4）

　　小朴村建于清乾隆年间，由颜、林祖先从福建永春县迁入定居，后陆陆续续有其他几姓迁入，历史悠久，人才辈出。村落位于山岙间，地形坡度较平缓，选址属于典型的山岙聚居，具有良好的藏风避风特征。小朴村面向大海滩涂，滩涂资源较多，原以滩涂养殖、渔商业为主，特别是中华民国时期，渔商走向了东南亚、日本。小朴村的马灯舞，俗称"走马灯"，为市非物质文化遗产，传自永春县。

　　村落规划为沿溪布置，白马庙原在村中间，后来迁至村口，由于村口有大片空地，便于举办马灯舞活动。清澈小溪穿村而过，望海楼矗立在村南山顶，通过白马古道与小朴村相接，白马庙现为区级文物保护单位。由于地形平缓，建筑布局较宽敞，村中主要道路顺溪流而行，整体格局符合自然肌理。居住群落并不显得松散单调，反而在空间的虚实组合以及几条主要道路划定下，布局中形成统一的秩序感。

　　由于地势平坦、渔商富裕，小朴村保留了较多清代、中华民国时期的民居建筑，以合院式为主。该村建筑具有清一色的"石头瓦房"的闽南建筑风格，并且拥有"物华天宝，鲁国旧家"等18幢特色老宅，因此列入文保登录点也较多。从建筑来看，清代建筑基本位于稍微高一点的位置，后期逐步往下延伸，中华人民共和国成立之后建的一条龙独立式民居，基本位于村落周边。

图 7-3 小朴村整体鸟瞰

图 7-4 小朴村透视全貌

7.1.3　金岙村（图7-5、图7-6）

　　金岙村位于洞头半屏岛中部山顶台地，先民大多从闽南迁入，全村陆域面积 0.53km²，现有 367 户，人口 998 人。现年轻劳动力大多外出经商、务工，仍从事传统渔业生产的大约 120 人。因半屏山景区与台湾半屏相对，近两年与台合作，开发两岸同心村，建设花园村庄。金岙村属于典型的山顶台地聚居类型。

　　村落以庙宇为中心交叉点，呈"X"字状分布。下辖四个自然村，呈四条带状分布，分别为山尾、岙唇、路湾、大岙岭。金岙村民居尽管处于山顶，面朝大海，但受台风影响却不大。由于这四个自然村均处于山顶台地较低位置，类似小山岙，台风规律往往是从北到南，这些村落南北方向都有山头可以阻挡台风。整体布局巧妙，四条山岭通向村外。

　　村内现有石头民居约 200 幢，大部分为中华人民共和国成立之后所建，以一条龙形式为主。仅岙唇就保留了 50 多幢中华民国时期石头民居，已有近百年历史。

图 7-5　金岙村整体鸟瞰

图 7-6　金岙村透视全貌

7.2 海岛清代民居案例

7.2.1 东岙村卓潘良宅（长寿宅）（图7-7、图7-8）

该宅建于清末，已有100多年历史，位于东屏镇东岙村东北角，背靠小山丘。占地面积约225m²，为县级文物保护单位。因有居住者103岁，故名长寿宅。

该宅坐东朝西，是由门屋、两厢、正屋组成的双层四合院建筑。此宅正立面门墙凸出承墀头，支撑硬山屋面，其二层美人靠栏杆木作及山墙披檐墀头灰塑精美。门屋三开间，进深三柱五檩；厢房三开间，进深三柱五檩，中柱落地，二层山墙出腰檐设窗，置灰塑窗套；正屋五开间，进深五柱九檩；抬梁穿斗式梁架。二层朝天井面设回廊，栏杆装饰回纹与花草纹，天井屋檐置蝙蝠纹勾头滴水。

屋面硬山顶，盖阴阳小青瓦，块石压瓦。两厢山墙与门屋成同一立面，山墙砖石砌成。局部墙体与木构撑拱、翼形拱等雕刻精美。

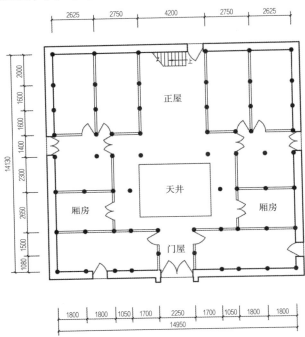

图7-7 卓潘良宅平面（mm）

图7-8　卓潘良宅正面、外观

资料来源：许友爱　摄

7.2.2　岙内叶宅——叶永明宅（图7-9、图7-10）

　　该宅建于清光绪年间，占地面积337m²，建筑面积952m²，位于东屏镇洞头村岙内巷78号，为省级文物保护单位。据《叶氏族谱》记载，洞头村叶氏祖先清雍正年间（1749年左右）由泉州同安迁往该村。

　　该宅位于西北，面向东南，为一座三层木石合院，由门屋、厢房和正屋组成。

　　门屋面阔单间，进深三柱五檩，中开大门，二层置挑台，屋檐凸出，两侧有墀头承托；厢房面阔三开间，进深三柱五檩，两厢正面山墙开窗，上置披檐，两侧有墀头承托；正屋面阔三开间，进深五柱九檩，抬梁穿斗混合式梁架，设前廊，廊间置船篷轩。宅前左侧后人添加矮石墙。

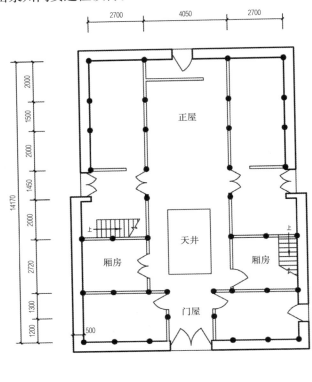

图7-9　叶永明宅平面（mm）

图 7-10 叶永明宅立面、撑拱、透视
资料来源：许友爱 摄

7.2.3 小朴村林明然宅（图7-11、图7-12）

该宅建于1885年，位于北岙镇小朴村双朴路169弄24号。

该宅坐东南朝西北，是由门屋、厢房、正屋组成，外墙由块石砌成的四合院，所有单体均为单层硬山顶，具有低矮、小天井、小窗和在屋瓦上压石的特点。门屋与两厢山墙成同一立面。

门屋为单间，进深三柱五檩，门屋屋面就与两厢屋面用角梁搭接；两厢为两开间，进深三柱五檩，中柱落地，前后分心；正屋三开间，进深五柱九檩，中柱落地，抬梁穿斗混合式梁架。朝天井屋檐置勾头滴水。天井内块石铺地。

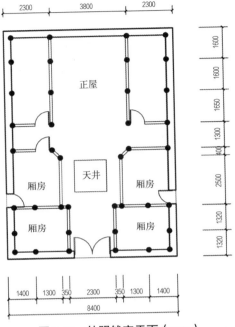

图7-11 林明然宅平面（mm）

图 7-12 林明然宅正面、屋顶
资料来源：许友爱 摄

7.2.4 苔岙张美文宅（图7-13、图7-14）

该宅位于北岙镇城南社区城西路203路，建于清代末期，已有百余年历史。

该宅所有屋面均为硬山顶，盖阴阳小青瓦，块石压瓦，外墙块石砌成。其单体均置有刻有祥云及花草纹图案屋脊，且房屋正立面屋檐构造具有一定特色，是由门屋、厢房、正屋组成的两层木石结构四合院建筑。该宅坐西北朝东南。门屋面阔单间，进深三柱五檩；厢房面阔两开间，进深三柱五檩；正屋面阔三开间，进深五柱十一檩，中柱落地，前后分心，抬梁穿斗混合式梁架，带前单步梁后双步梁，金柱与前檐柱间设走廊，上置船篷轩。天井呈长方形，屋檐置滴水。

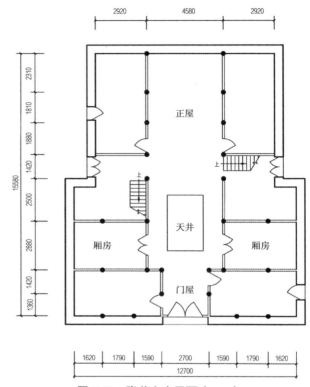

图 7-13 张美文宅平面（mm）

图 7-14 张美文宅透视、屋顶

资料来源: 许友爱 摄

7.2.5 东岙姚氏宅（图7-15、图7-16）

该宅建于清代末期，已有100多年的历史，位于东岙村西南角，三面临村民住宅，西面朝向东岙湾。

该宅所有单体屋面悬山顶，盖阴阳小青瓦，块石压瓦，外墙由块石砌成。其是由门屋、两厢、正屋组成的四合院建筑。该宅坐东南朝西北，门屋为单间，进深为三柱五檩，屋顶置屋脊，灰塑有花草图案；门屋与两厢成同一立面，厢房为三开间，进深为三柱五檩，中柱落地；正屋三开间进深五柱九檩，中柱落地，前后分心，抬梁穿斗式梁架；天井块石铺地。

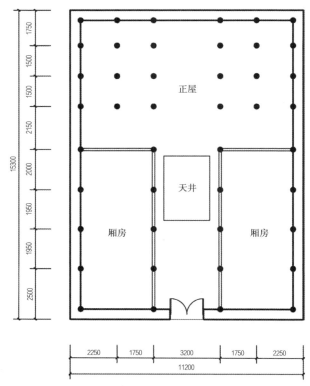

图 7-15 东岙姚氏宅平面（mm）

图 7-16　东岙姚氏民居立面、屋顶

资料来源：许友爱 摄

7.3 中华民国民居案例

7.3.1 东岙顶村陈银珍故居（图7-17、图7-18）

陈银珍故居建于1930年左右，位于东屏街道东岙顶村仙岩路318号，占地面积165m²，为县级文物保护单位。陈氏先祖由福建同安迁来，距今已有300多年。陈银珍是中华民国时期洞头至温州航线发起人，也是洞头先烈林环岛的岳父。

该宅坐东北朝西南，是由门厅、两厢、正屋组成的两层石木结构四合院建筑。该宅门屋三开间，进深三柱五檩，门厅与厢房成同一立面；两厢三开间，进深三柱五檩，门屋正立面墙体及两厢山墙置披檐，墀头支撑；正屋三开间，进深五柱九

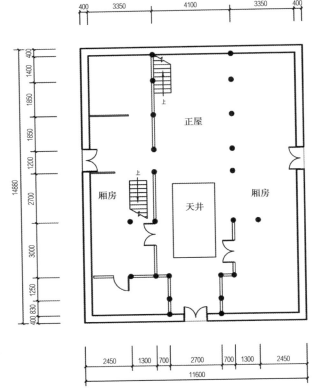

图7-17　陈银珍故居平面（mm）

檩，中柱落地前后分心，抬梁穿斗式梁架。两厢和正屋朝天井方向置美人靠，天井块石铺地，屋面均为硬山顶，盖小青瓦，外墙块石砌成。

图 7-18　陈银珍故居透视、立面、天井
资料来源：许友爱 摄

7.3.2 岙内叶宅——叶玉真宅（图7-19、图7-20）

该宅占地面积337m²，建筑面积952m²，为省级文物保护单位，已有90余年历史。该宅是由叶玉真其兄弟四人合建，原做渔行生意，后又放贷给其他渔商，还曾被征作学校办公。

该宅位于西北，面向东南，是三层木石合院建筑，由门屋、隔间和正屋组成。最底层就是渔产品交易场所，其三层楼四合院在洞头已属难得，且其门屋正立面装饰精美，对砖磨缝技艺相当精湛，有强烈的欧式风格，属中西合璧建筑，海洋渔商文化较为鲜明。门屋五开间，进深三柱五檩。大门上置石门楣及石英雀替，上方置匾额，匾额上方为窗洞，顶部置山花，塑人物图案，大门两侧设方形壁柱，每间也用方形壁柱隔开，壁柱均为青砖、红砖相间垒砌，其中大门三层两侧壁柱设凹槽，内壁有花草等图案，门屋窗套形置不一，具典型欧式风格；厢房面阔二开间，进深四柱九檩；正屋面阔五开间，进深五柱九檩，抬梁穿斗混合式结构，明间三层后部门依地势设通道与外界沟通；天井块石铺地，条石作边，屋檐置滴水，各层向天井面设回廊，檐柱置斜撑承回廊。各单体廊间均设船篷轩。屋面均为硬山顶，盖小青瓦。正面一层墙体块石垒砌，二层为青砖、红砖相间垒砌。山墙置鱼形排水口，后檐墙置蛙形排水口。东北角置水井一口。

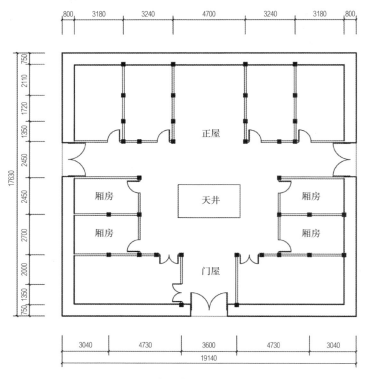

图7-19 叶玉真宅平面（mm）

图 7-20　叶玉真宅屋顶、正面、侧面

资料来源：许友爱 摄

7.3.3 三盘海蜇行（图7-21、图7-22）

该宅位于北岙街道大岙村三盘街，是县级文物保护单位。

三盘海蜇行是我国沿海近现代著名的渔行之一。以"协兴行"为代表的三盘海蜇行建筑群具有一定的浙南沿海地域特色，是特定历史时期地理环境、社会环境和经济文化发展的产物，是温州近现代史上的"水上商贸城"，保护价值较高。从现在的三盘南路以东开始沿着东西走向的三盘街道两侧展开，占地达4亩多。三盘海蜇行原共计房屋13座，40多间，大多为穿斗式砖木混合结构，硬山顶建筑，屋面盖阴阳小青瓦。

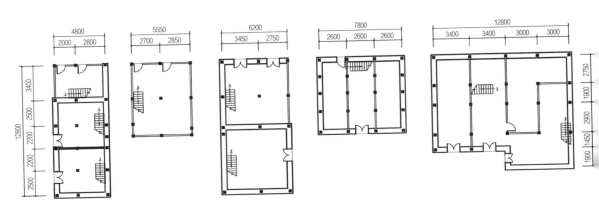

图7-21 三盘海蜇行协兴行平面（mm）

图 7-22　三盘海蜇行协兴行

资料来源：许友爱 摄

7.3.4　东沙陈进宅（图7-23、图7-24）

该宅位于北岙街道东沙村望港巷16号，占地面积116m²。该宅有100年历史，为县级文物保护单位。除西耳房拆除外基本保存完整。

该宅坐东北朝西南，是由门墙、两厢、正屋组成的两层砖石木结构三合院建筑。门台单间。由青砖错缝垒砌，两侧方形壁柱，凹槽内设对联，对联上方灰塑"阁楼"两字及花草图案，正门呈拱券形。门屋背面置砖砌斗栱，用青砖叠涩出檐，砖砌正脊两端塑卷草状脊头，仿木构斗栱；两厢二开间，进深三柱五檩，沿东厢后檐墙建有耳房，房顶置阳台，上置镂空栏杆；正屋三开间，进深五柱九檩，中柱落地，前后分心，抬梁穿斗式梁架，前后架单步梁。二层朝天井立面置回廊，雕刻五福及回形纹等装饰。小天井，石板铺地，呈"九宫格"状。一层山墙块石砌成，二层山墙青石错缝垒砌。

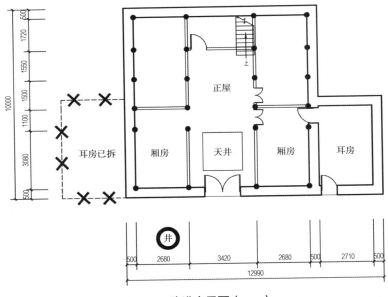

图 7-23　陈进宅平面（mm）

图 7-24 陈进宅正面、鸟瞰、天井
资料来源：天井 许友爱 摄、鸟瞰 叶凌志 摄

7.3.5　洞头村叶永源宅（图 7-25、图 7-26）

该宅建于 1933 年，位于东屏街道洞头村城南路 398 号，面对洞头中心渔港，占地面积 450m²，为县级文物保护单位。

该宅坐东北朝西南，是由门屋、两厢、正屋组成的二层四合院建筑。门屋大门两侧置方形壁柱，大门石门楣上方设匾额及山花。门屋各间用壁柱隔开，各间窗套均呈拱券形；大天井呈八角形，东角置井一口，各单体均设前廊置砖砌前檐柱支撑天井屋檐。二层向天井面设宝瓶式回廊，所有单体均为歇山顶，盖阴阳小青瓦。房屋正立面墙体采用三顺一丁青砖错缝垒砌，山墙及背立面墙体块石垒砌，设鱼形雨漏。正立面，用青砖按三顺一丁式的错缝砌就。天井以八根四方形砖柱高高竖起，直至二楼屋檐，砖柱砌法与正立面内外呼应。

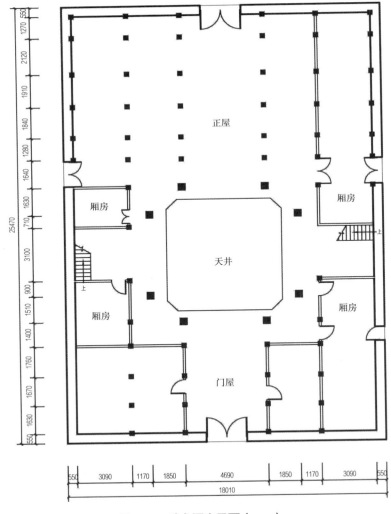

图 7-25　叶永源宅平面（mm）

图 7-26　叶永源宅正面、透视

7.3.6　垅头曾国峰宅（千禧宅）（图7-27、图7-28）

　　该宅（千禧宅）位于东屏街道垅头村垅头路24号房西南角，占地面积296m²，为县级文物保护单位。

　　该宅坐西北朝东南，是由门屋、两厢、正屋组成的四合院建筑。门屋面阔单间，进深三柱九檩；厢房面阔二间，进深三柱九檩，中柱落地，前后分心，两厢与门屋成同一立面；正屋面阔五间，进深五柱九檩，抬梁穿斗混合式梁架；门前设廊，前廊为卷篷顶，正心瓜栱，外拽挑檐檩，间缝分别有穿枋连接，二层设美人靠，部分木柱有祥云雕刻；所有单体为双层硬山顶，天井置福寿纹滴水内；外墙块石砌成。门窗改动。

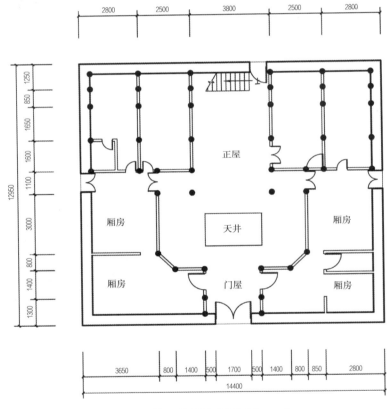

图 7-27　垅头曾国峰宅平面（mm）

图 7-28　曾国峰宅正面、侧面

资料来源：许友爱 摄

7.3.7 岭背陈森宅（图7-29、图7-30）

该宅位于北岙街道岭背居委会上街99-105号，占地面积337m²，为县级文物保护单位。

该宅坐东朝西，是由门屋、两厢、正屋组成的二层砖木结构四合院建筑。该宅门屋面阔五开间，进深五柱九檩；门屋各间用方形壁柱隔开，壁柱用青、红砖相间垒砌。一层各门分别用八扇活动板门，二层立面外刷石英。两厢面阔二开间，进深三柱五檩；正屋面阔五开间，进深五柱九檩。天井四周置六根与台门相同质地的方形砖柱。二层设回廊，图案雕刻精美，楼板置望板，天花板灰塑有精美花草纹图案。三合地面，屋面硬山顶，盖小青瓦土外墙砖砌石砌混合。

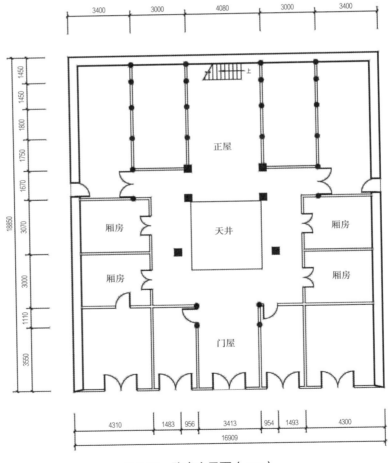

图7-29 陈森宅平面（mm）

图 7-30　陈森宅透视、天井、屋顶
资料来源：许友爱 摄

7.3.8 小朴村颜贻明宅（图7-31、图7-32）

该宅建于1942年，坐西南朝东北，为单体二层木石结构建筑。其构造较有特色，是20世纪40年代洞头殷实民居见证，20世纪50年代曾有部队驻扎该宅。

该宅面阔三间，进深七柱十三檩，歇山顶，盖阴阳小青瓦，碎石压瓦，瓦下置望板。屋内间与间全用木质隔板隔断，二层隔板为活动隔板可拆卸。正立面大门两侧依次各设三根方型壁柱。门额上书"鲁国口家"字样，窗户上方均设有圆拱形窗檐。背立面用青砖三顺一丁错缝垒砌，明间及东西次间均砌成拱券形拱门。门两边设方形壁柱，壁柱正中用青砖拼砌出花形图案。该宅后门未封闭，局部装饰精美。

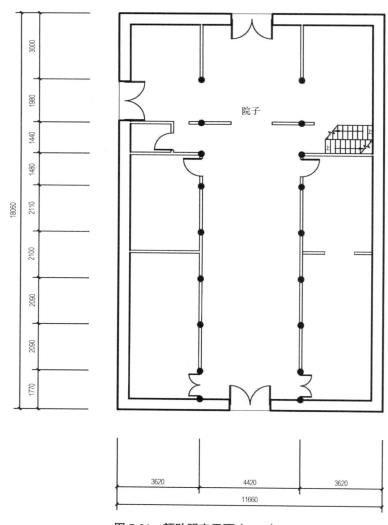

图 7-31 颜贻明宅平面（mm）

图 7-32 颜贻明宅正面、背面

7.3.9 东岙顶洪求忠宅（图7-33、图7-34）

该宅位于东岙顶村，村办公室旁，房屋占地面积近300m²。

该宅正屋面阔五间，双层，光线好，院内设有水井，由门屋、厢房、正屋组成四合院建筑。整体建筑尺寸比洞头其他同类型合院要大一点，但天井很小，天井内有水井。正面二层山墙檐口处开始用砖砌，窗户拱券制作精美。

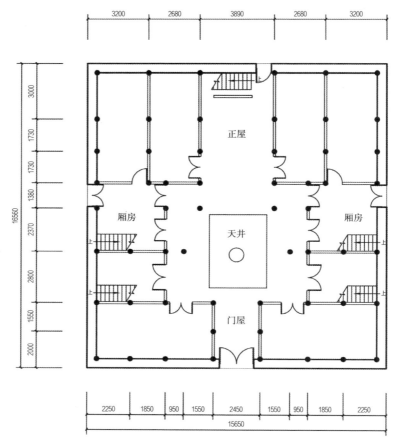

图7-33 洪求忠宅平面（mm）

图 7-34 洪求忠宅正面、俯视

资料来源：俯视 马镜波 摄

7.4　中华人民共和国成立初期民居

7.4.1　花岗村民居（图7-35）

　　花岗村民居建于1950～1960年间，以二层为主，基本为独立式一条龙，三间至五间，屋顶为歇山顶或硬山顶。

图 7-35　花岗村民居

7.4.2　金岙村民居（图 7-36）

金岙村民居以二层为主，基本为一条龙，三间至五间，屋顶为歇山顶或硬山顶。

图 7-36　金岙村民居
资料来源：大原建筑设计咨询有限公司　摄

第 8 章

结论与展望

8.1 研究总结

8.1.1 地域特征

浙南洞头海岛石头民居是我国优秀海岛建筑。追根溯源，闽南移民因逃荒、逃难而流落到此安家立业，形成重新建构后的闽南民居的海岛。总体来说，海岛民居的海洋性建筑特征比较明显，既表现出理性和内向性，又蕴含海洋文化多元、开放、灵活的特征。

其主要地域特征如下。

1. 地理气候环境策略：适应与利用

海岛地区由于其被海包围，地理特殊，结合当地地形地貌，因地制宜，抗风防风，有效组织建筑朝向、间距、通风等内容。从聚落三种选址便可以看出，地理气候环境策略涵盖了选址、材料和民居模式等，以及考虑与海洋作业的功能要求相互适应。

2. 建筑形态特征：形态的内向性

海岛民居平面布局规整方正简单，民居单体在平面功能上具有很强的内向性特征，这与强调防御性有关。海岛居民建筑与闽南石厝相似度很大，如内部空间的构成、具体构造。从远处观望，这些石头房墙面红黄相间，如老虎身上的斑纹，在山岙之间层层叠叠，颇为壮观。建筑尺度小巧却不失雅致，虽然外部狂风肆虐，但是内部厅井空间舒适悠闲。

3. 建构技术特征：务实性、节用、灵活

工匠们根据自己的经验，同时结合材料自身的特点，巧妙地利用石、木、砖、灰等材料的优点，运用较简单实用的方法建造当地民居，建构简化、尺度紧凑，非常理性克制。

建筑文化体现出了思想的开放性和浙闽、渔商文化交融。留存在民居中的闽南建筑特色较为鲜明，近海岸商埠的民居建筑渔商文化特点清晰，体现了文化交融和时代印记。

8.1.2 保护价值

在经历了清末、中华民国时期和中华人民共和国成立之初的建造高峰后，洞头海岛石头民居成为目前浙南地区保存较为完整的石头民居，具有典型代表意义。据悉，洞头海岛现有文物保护单位 44 处，其中省级文物保护单位 3 处，市级文物保护单位 34 处，县级文物保护点 7 处。其中古建筑和历史建筑列入文物保护有 14 处，列入全国第三次文物普查登录点有 169 处。

历史人文价值：洞头海岛民居是多元文化交融承载，是海岛社会发展的缩影，是珍贵的物质文化遗产。

学术价值：在面对各种不利的气候条件及自然灾害时，海岛石头民居以一种低技术、被动式的生态策略去应对。建筑形态的生态构造设计，建立合理的隔热保温、通风及抗旱体系。

再利用价值：随着海岛旅游的发展，石头民居具有独特的地域性，可再利用作为文化遗产景观，以及进行文化建筑和旅游民宿的功能再植入等。

8.2 回顾与研究展望

8.2.1 研究回顾

本次对海岛民居进行了整理，首先介绍了海岛民居的背景环境，其次，通过历史时间演变，对建筑形态进行分类和对建构技术进行分析等，采用大量的图片资料，弥补了浙南海岛民居目前只有文史研究，没有建筑学研究的缺憾，完善了浙江民居研究体系，属于内容创新。

本书总结了海岛民居的地域特征，增加了对海岛民居文化内涵的认识，拓展了海洋性的建筑特征，属于理论创新。

本次研究采用建筑类型学方法，从多角度展示和研究海岛民居，逐步推进分析，最终解决问题，拓展了建筑类型学的研究方法，属于研究方法的创新。

8.2.2 研究展望

浙南海岛民居的研究只是刚刚开始，海岛石头民居的人居智慧和历史价值都十分值得研究学习。本书为后续的海岛民居研究提供了基础性材料与方法，希望引起更多建筑学者的关注和进行更深入的研究，为此作者有以下几点展望：

（1）研究方向

单体研究也可以更加深入，例如下一步可以进行一些声光热的试验和数据分析，研究海岛民居建筑生态绿色方面的内容，从建筑技术学科角度，使数据更加严谨。另外，聚落研究也可以更加深入，如不同的选址形式，不同的人群和生活习俗文化的细微差异，都是历史价值的挖掘。GIS 技术、句法模型、数据挖掘等方法的应用研究，也都能为其活化传承提供依据。

（2）遗产保护

近年来，随着城镇化建设步伐加快，这批清末至中华民国时期遗存的浙南海岛民居总体保护形势严峻。值得庆幸的是，在全国第三次文物普查时，洞头村岙内的叶宅、上街的叶宅和陈宅、东沙的陈宅、东岙的卓宅等都列入了文物保护范围。但是这些远远不够，作者认为在未来的几十年里政府部门还需要加大宣传力度，多方筹措保护资金，对具有重要价值的民居建筑或村落进行妥善、完整地保护。特别是小朴村，因其位于城市发展中心，应尽快列入浙江省历史文化保护村落。

（3）更新利用

除了历史人文价值、地域建筑文化传承外，随着海岛旅游的开发，以及民宿和农家乐改造需求，我们还应该更充分地认识海岛民居的价值，从而更好地促进民居保护利用。石头民居就如同一个生命体，一旦被破坏将很难延续。应当是在原有营造智慧和经验的基础上，制定一些保护利用导则，加强对石头民居改造和村落改造的审查。

（4）新建传承

海岛上的新建建筑，必须结合海岛地方特色和海岛地域文化。在此背景下归纳地区建筑语言，发掘传统营造智慧并与其他学科知识相结合。首先通过营造良好的合院空间形态、创造适宜人的舒适环境，在单体形态上构筑合理的海岛地域特色，优化平面布局，适当加大进深，追求方正避风。立面设计上应协调长宽高比例，设计出适合海岛气候的民居建筑造型。传统建筑低技术、适应性的设计方法，则能提供一种"被动式"的设计思路，并对我们当下的滨海和海岛建筑设计建设提供一些理论参考。

参考文献

1. 学术著作

［1］曹春平. 闽南传统建筑［M］. 厦门：厦门大学出版社，2016.

［2］陈志华，贺从容，罗德胤，李秋香. 福建民居［M］. 北京：清华大学出版社，2010.

［3］陈志宏. 闽南近代建筑［M］. 北京：中国建筑工业出版社，2012.

［4］丁俊清，肖健雄. 温州乡土建筑［M］. 上海：同济大学出版社，2000.

［5］侯洪德. 侯肖琪. 图解《营造法源》做法［M］. 北京：中国建筑工业出版社，2014.

［6］黄培量. 温州古民居［M］. 杭州：浙江古籍出版社，2014.

［7］肯尼思·弗兰姆普敦，王骏阳译. 建构文化研究［M］. 北京：中国建筑工业出版社，2007.

［8］柯旭东. 洞头遗风调查初探［M］. 北京：中国文联出版社，2014.

［9］李红. 温州市海岛简志［M］. 杭州：浙江大学出版社，2015.6.

［10］楼庆西，陈志华. 罗德胤. 李秋香. 浙江民居［M］. 北京：清华大学出版社，2010.

［11］刘淑婷，薛一泉. 泰顺乡土建筑［M］. 杭州：浙江摄影出版社，2009.

［12］李允鉌. 华夏意匠——中国古典建筑设计原理分析［M］. 天津：天津大学出版社，2014.

［13］潘一钢. 温州古村落［M］. 北京：中国民族摄影艺术出版社，2013.

［14］邱国鹰. 守望家园［M］. 上海：中国福利会出版社，2010.

［15］汪丽君. 建筑类型学［M］. 天津：天津大学出版社，2005.

［16］温州市洞头区档案局（馆）. 远去的村影［M］. 北京：中国文史出版社，2017.

［17］叶凌志. 海岛老厝［M］. 北京：中国图书出版社，2015.

［18］张淑凝. 温岭古民居［M］. 杭州：西泠印社出版社，2015.

［19］郑慧铭. 闽南传统建筑装饰［M］. 北京：中国建筑工业出版社，2018.

2. 学位论文

［1］车晓敏. 徽州传统民居建筑内部空间形态更新研究［D］. 西安：西安建筑科技大

学，2015.

［2］崔杨波. 建构视野下的新乡土建筑营造研究［D］. 西安：西安建筑科技大学，
　　　2015.

［3］方贤峰. 浙东传统民居建筑形态研究［D］. 杭州：浙江工业大学，2010.

［4］金峻存. 浙江宁海许家山石墙木构民居建筑研究［D］. 南京：南京工业大学，
　　　2013.

［5］孔磊. 瓯越乡土建筑大木作技术初探［D］. 上海：上海交通大学，2008.

［6］苗振龙，海岛村落空间分布特征与成因分析——以舟山市为例［D］. 舟山：浙江
　　　海洋大学，2017.

［7］李玮玮. 舟山海岛民居建筑的地区性建造初探——以虾峙岛茶岙村为例［D］. 杭
　　　州：中国美术学院，2015.

［8］王虎. 砖、石、瓦材料在当代地区建筑中的应用分析——以浙江地区为例［D］.
　　　北京：北方工业大学，2013.

［9］王静. 海岛民居建筑表皮设计研究——以嵊泗"渔家乐"改造为例［D］. 杭州：
　　　浙江理工大学，2013.

［10］魏晓萍. 石材·建构·地域性［D］. 昆明：昆明理工大学，2008.

［11］应丹华. 浙江南部山区传统民居适宜性节能技术提炼与优化［D］. 杭州：浙江大
　　　　学，2013.

［12］张焕. 舟山海岛人居单元营建理念与方法研究［D］. 杭州：浙江大学. 2013.

［13］郑颖娜. 平潭传统聚落保护与更新研究［D］. 泉州：华侨大学，2013.

［14］赵星. 传统乡土建筑的当代"建构"之路［D］. 天津：天津大学，2005.

［15］曾雨婷. 浙南闽东地区传统民居厅堂平面格局研究［D］. 杭州：浙江大学，2017.

3. 期刊论文

［1］陈剑，陈志宏. 平潭传统民居类型调查［J］. 福建建筑，2011（06）：16-20.

［2］高广华，曹中，何韵，肖紫怡. 我国南方海岛传统建筑气候适应性应对策略探析
　　　［J］. 南方建筑，2016（01）：60-64.

［3］郭子雄，黄群贤，柴振岭，刘阳. 石结构房屋抗震防灾关键技术研究与展望［J］.
　　　工程抗震与加固改造，2009，31（06）：47-51+68.

［4］金涛. 浙江海岛民居习俗与建房礼仪［J］. 浙江海洋学院学报（人文科学版），
　　　2004，（02）：15-19.

［5］柯旭东. 浙南洞头海岛民居建筑的几个特点［J］. 东方博物，2010，（02）：126-128.

［6］刘磊，张亚祥. 温州民居木作初探［J］. 古建园林技术，1999（04）：48-53.

［7］高云. 闽南传统古建筑装饰样式特点研究［J］. 艺术与设计（理论），2015，2
　　　（Z1）：75-77.

［8］潘乐思 . 石材在闽南传统建筑中的运用——以惠安石构民居为例［J］. 中外建筑，2013（10）：101-103.

［9］邱婷 . 基于形式美学分析的平潭石头厝生态适应性研究［J］. 城市住宅，2016，23（11）：52-55.

［10］翁源昌 . 从舟山古民居看海岛民俗文化的现世观［J］. 温州大学学报（自然科学版），2011，32（02）：53-56.

［11］王海松，周伊利，莫弘之 . 台风影响下的浙东南传统民居营建技艺解析［J］. 新建筑，2012，（01）：144-147.

［12］王秀萍，李学 . 温岭石塘传统民居的生态理念初探［J］. 艺术与设计，2010，2（12）：118-120.

［13］薛佳薇，冉茂宇 . 华园石建筑细部的建构解析［J］. 华侨大学学报（自然科学版），2008（03）：451-454.

［14］熊梅 . 我国传统民居的研究进展与学科取向［J］. 城市规划，2017，41（02）：102-112.

［15］姚安安 . 舟山传统民居建筑环境适应性研究［J］. 四川建筑，2011，31（05）：73-75.

［16］钟彦臣，庞静 . 浙东传统村落民居建筑的"在地"设计研究［J］. 设计，2017，（24）：140-141.

［17］张亮山，冉茂宇，袁炯炯 . 闽南大厝的窗与屋顶的气候适应性设计分析［J］. 华中建筑，2016，34（12）：139-143.

［18］张霞，韩思瑾，熊燕 . 设计结合自然——夏热冬冷地区传统民居的生态智慧与应用［J］. 华中建筑，2015，33（12）：66-69.

［19］张希，潘艳红，王志蓉 . 旅游业影响下的海岛民居建筑转型［J］. 建筑与文化，2017，（05）：177-178.

［20］张玉瑜 . 穿斗体系构架设计原则研究——以福建地区为例［J］. 建筑史，2009（01）：59-73.

［21］郑晟，俞静，沈晶晶 . 温岭市石塘镇石构建筑风貌探究［J］. 台州学院学报，2015，37（06）：58-61.

［22］张淑凝 . 温岭石塘石屋调查［J］. 东方博物，2010（03）：65-71.

［23］周伊利，宋德萱 . 浙东南传统民居生态适应性研究［J］. 住宅科技，2011（03）：21-27.

4. 档案

洞头文保所 . 洞头全国第三次文物普查档案资料［A］. 洞头文保所，2009.

5．其他

［1］上海经纬建筑规划设计研究院. 洞头县文物古迹保护专项规划［Z］. 洞头文保所，
　　　2014.

［2］王和坤. 浅谈洞头移民历史［Z］. 网络资料，2013.

［3］王和坤，林志军. 洞头人"缘"来福建游子［Z］. 网络资料，2016.

［4］吴启中，邱国鹰等. 洞头文史资料第一辑［Z］. 温州：政协洞头县文史资料工作
　　　组，1990.

［5］杨志林. 洞头海岛民俗［Z］. 温州：洞头县志办公室，1996.

［6］温州市城市规划学会. 第十二届中国民居学术会议暨温州民居国际学术研讨会论
　　　文集［Z］. 温州：温州市城市规划学会，2001.